土地整治

档案管理

魏 华 章远钰 等著

中国水利水电出版社

www.waterpub.com.cn

·北京·

内 容 提 要

土地整治档案是各类土地整治项目从立项、实施到验收全过程中形成的具有保存价值的文字、图表、声像、电子文件等不同形式和载体的历史记录。随着土地整治事业的蓬勃发展，在土地整治各项工作中，土地整治档案发挥的作用和影响日趋重要。本书详细阐述了土地整治档案管理各项工作的内容、程序、步骤，具有较强的实用性和可操作性，对于土地整治项目管理工作以及行业内人员规范从事土地整治档案管理工作具有指导意义。

本书可供从事土地管理及土地整治工作的广大业内人士阅读。

图书在版编目（CIP）数据

土地整治档案管理 / 魏华，章远钰等著. -- 北京：中国水利水电出版社，2017.12
ISBN 978-7-5170-6140-3

Ⅰ. ①土… Ⅱ. ①魏… ②章… Ⅲ. ①土地整理－档案管理－中国 Ⅳ. ①F321.1

中国版本图书馆CIP数据核字 (2017) 第303340号

书　　名	**土地整治档案管理** TUDI ZHENGZHI DANGAN GUANLI
作　　者	魏　华　章远钰　等著
出版发行	中国水利水电出版社 （北京市海淀区玉渊潭南路 1 号 D 座　100038） 网址：www.waterpub.com.cn E-mail：sales@waterpub.com.cn 电话：(010) 68367658（营销中心）
经　　售	北京科水图书销售中心（零售） 电话：(010) 88383994、63202643、68545874 全国各地新华书店和相关出版物销售网点
排　　版	中国水利水电出版社微机排版中心
印　　刷	天津嘉恒印务有限公司
规　　格	170mm×240mm　16 开本　14.5 印张　181 千字
版　　次	2017 年 12 月第 1 版　2017 年 12 月第 1 次印刷
印　　数	0001—3000 册
定　　价	**45.00 元**

《土地整治档案管理》
编 委 会

主　　编　　魏　华　章远钰

编写人员　（按姓氏笔画排序）

王艳松　王莉莉　李　华　李明洋　杨　帆

陈　敏　范树印　孟宪素　贾文涛　原　伟

桑玲玲　曾　亮　谢　彧　翟　刚

前　言
PREFACE

　　土地整治是对低效利用、不合理利用和未利用的土地进行综合治理，对生产建设和自然灾害损毁的土地进行恢复利用，以提高土地利用效率和效益的活动。土地整治是盘活存量土地、强化节约集约用地、适时补充耕地和提升土地产能的重要手段。党中央、国务院高度重视土地整治在保护耕地、保障国家粮食安全、统筹城乡发展、推动生态文明建设等方面的重要作用，并持续推进土地整治工作力度。土地整治已经上升为国家层面的战略部署。

　　近年来，随着土地整治事业的持续深入发展，土地整治档案的作用更为凸显，影响更为广泛。土地整治档案是各类土地整治项目从立项、实施到验收全过程中形成的具有保存价值的文字、图表、声像、电子文件等不同形式和载体的历史记录。土地整治档案全面反映了土地整治项目的各项工作，加强土地整治档案管理，能够有效促进对土地整治项目全过程工作的监督管理。

　　目前，我国土地整治已形成的土地整治档案类别有十几类之多。针对如此庞大的土地整治档案，如何全面、规范、科学地进行管理，解决当前全国土地整治档案管理的实际问题，以及达到规范、通用、实用的目标，是本书的编写初衷。

当前，我国不同地区土地整治建设目标区别较大，加之各省（自治区、直辖市）土地整治机构出台的档案管理标准、规范及文件的要求也不尽相同，导致各地土地整治档案管理的方式和资料收集的范围也存在一定差异。笔者在认真总结、深入研究和广泛吸收有关档案管理与土地整治项目管理知识的基础上，结合全国土地整治档案管理大量调查研究成果，完成了本书的编写工作，尽力做到统筹考虑，兼顾地方实际，使本书具备通用性、实用性与可操作性。本书从管理理论、操作方法、技术要求以及发展趋势等方面完整阐述、诠释了土地整治档案规范化管理的内容，使土地整治全过程的档案管理工作均建立在统一的标准下，为全国土地整治档案管理工作提供了参考和依据。

做好土地整治档案管理工作是新形势下土地整治发展的需要，可推进全国土地整治档案管理工作加快步入规范化、制度化、信息化的发展轨道，实现全国土地整治档案工作范围全面、程序统一、齐全有效、管理科学的目标，为土地整治事业的持续健康发展夯实基础。

希望本书的出版，能够为土地整治档案管理制度和标准的研究，规范土地整治档案管理工作，以及丰富土地整治管理成果贡献绵薄之力。对于本书的疏漏或不当之处，敬请读者批评指正。

作 者

2017 年 10 月

目 录
CONTENTS

第一章　土地整治档案概论

第一节　土地整治档案的构成

一、档案

我国古代的档案，在各个朝代有着不同的称谓。商代称为"册"，周代叫作"中"，秦汉称作"典籍"，汉魏以后谓之"文书""文案""案牍""案卷""簿书"，清代以后多用"档案"，今统一称作"档案"。至于"档案"一词，最初可能使用于明末清初，而见于文字材料则始于清代。"档案"作为一个词语而出现，始见于《清太宗皇帝实录》崇德三年（1638年）正月甲午日记载中。对于"档案"一词的最早解释，其文字记载是约成书于康熙四十六年（1707年）的杨宾的《柳边纪略》。

从语义学意义上来看，"档案"一词具有形象的和内在的意义。"档"，《康熙字典》解释为"横木框档"，即木架框格的意思；"案"，《说文解字》解释为"几属"，即小桌一类的东西。由此引申，又把处理一桩事件的有关文件叫作一案，并通称收存的官方文件为"案""卷案""案卷"。"档"字和"案"字连用，就是存入档架收贮起来的案卷，而把放置档案的架子称作档架，把一格称为一档。这些叫法有的一直沿用下来，但是其含义已经得到了深化和发展。

（一）档案的定义

中国档案学界从 20 世纪 50 年代起，就一直在不断地探讨档案的定义，直到 1987 年 9 月 5 日公布、1988 年 1 月 1 日实施的《中华人民共和国档案法》诞生，才对档案的定义有了一个比较一致的认识基础。《中华人民共和国档案法》第二条规定："本法所称的档案，是指过去和现在的国家机构、社会组织以及个人从事政治、军事、经济、科学、技术、文化、宗教等活动直接形成的对国家和社会有保存价值的各种文字、图表、声像等不同形式的历史记录。"

档案的定义可从以下 5 个方面加以理解：

（1）档案产生主体的多元性。产生档案的主体是各类国家机构、社会组织和个人，表现出多元性的特点。

（2）档案来源渠道的广泛性。档案产生于不同主体所从事的不同的社会活动，反映了档案内容的广泛性。

（3）档案的本质属性即原始记录性。原始性指档案是当时、当地直接形成于立档单位职能活动（社会实践）过程中的历史产物，而不是事后编造的。记录性指：从内容上来看，档案所记载的是当时、当地、当事人发生和发现的事物及行为的过程、结果；从形式上看，档案原件具有不可替代的办文特征和时代特色。

（4）档案保存的目的即价值性。档案是知识储存的一种方式，是人类智慧的一种物态结晶，具有凭证和情报价值。档案的凭证价值是档案不同于或优于其他各种资料的最基本的特点。档案是确凿的原始材料和历史记录，是真实可靠的，它可以成为查考、研究、争辩和处理问题的依据，具有法律效力。档案是事实、知识和经验的记录，它的这种可靠的、广泛的、可资参考的特征，构成了档案的又一基本价值——情报价值。

（5）档案表现形式的多样性。从记录方式来看，有文字书写（刻铸）、图表绘制、声像摄录、电子制作；从阅读方式来看，有直读、机读；从载体形式来看，古今中外形式多样，如甲骨、泥板、金属器皿、岩石、竹木、布帛、羊皮纸、纸张、胶片、磁介质、金属片等。

（二）档案与文件的关系

档案是由文件有条件地转化而来的，这里的"文件"是指广义文件，即一切由文字、图表、声像等形式形成的各种材料。档案和文件是同一事物在不同价值阶段的不同形态，两者具有同源性和阶段性的共性，也具有实效、功用、离合等个性差异。从文件到档案是一个批判继承的辩证运动过程。从信息的内容和形式来说，两者是完全相同的，但从时效、价值和系统性上来说，档案是对文件的不断扬弃。首先是时效性批判，档案是已经办理完毕的文件；其次是价值性批判，档案是办理完毕的文件中具有保存价值的部分；最后是系统性批判，档案是把分散状态的文件按一定逻辑规律整理而成的信息单元。因此，档案与文件的关系在档案界里普遍认可的较经典的表述为："文件是档案的前身，档案是文件的归宿；文件是档案的基础，档案是文件的精华；文件是档案的细胞，档案是文件的组合。"

文件与档案的关系之所以如此复杂，文件转换为档案的条件也是原因之一。并不是所有的文件在处理完毕之后都会转化为档案，只有那些具有凭证、查考和利用价值的文件，人们才把它作为档案保存。此外，处理完毕、具有保存价值的文件并不会自动转换为档案，只有按照一定规律集中保存起来的文件，才能最后成为档案。于是在档案概念的基础上，有了文件转化为档案的三条件说，即：一是原始历史记录的文件；二是具有一定保存价值的文件；三是人们有意识保存下来的文件。

（三）档案与资料的关系

档案和资料都是记录了各种信息和知识的载体以及人们认识与改造客观世界的记录，都是社会发展不可缺少的重要资源。资料是为工作、生产、学习和科学研究等参考需要而收集或编写的一切公开或内部的材料，包括书刊、报纸、小册子、简报、公报、汇编、地图、图表以及音像制品等文字和非文字的记录材料。

1. 共性

档案和资料的外延有大面积交叉、重合，两者有着许多的共同之处。档案与资料在一定条件下可以相互转化。档案经加工可编印成资料，如政策法规汇编等；资料如被某一个单位采用，也可以转化为该单位的档案，例如，单位购入的仪器设备的随机文件，当这个单位开始使用这些仪器设备时，这些随机文件便成了该单位使用维修这些仪器设备的依据，也就转化为该单位的档案。某些档案与资料之间又有着相辅相成的作用，如某些与档案有关的资料可在档案研究和提供利用方面用作参考，对档案起辅助和补充作用。

2. 区别

只要对人们研究解决某一问题有信息支持、参考借鉴价值，无论其具体是什么，均可视为资料，资料的基本属性是知识性，主要是起参考作用。档案具有原始性和记录性两者于一体的特点，主要起到原始记录和凭证作用，是它区别于资料的本质特征。此外，档案与资料还有其他区别。

（1）形成过程不同。档案是在持有者的职能活动中直接形成的，从形成到保管有一定的规律；资料则是因工作而定，因人而定，没有一定的准则和特定的要求。

（2）作用不同。档案是本单位活动的直接记录，是随着本单位的各项工作活动自然形成的，是人们处理事物过程中保留下来的"副产品"，不是事后编写和购买来的纯粹人为的结果。档案的形成特点决定了其具有历史的查考作用、凭证依据作用和法律效力。而资料一般是供人们工作、学习参考的，对本单位的活动不具有凭证作用和法律效力。

（3）机密程度不同。档案具有一定的机密性，特别是现行文书档案和尖端科技档案中机密度高的部分，一般情况下在一定年限内是不公开的。而资料一般可以公开交流，机密程度较低。

二、土地整治档案

（一）定义

1. 土地整治

土地整治指依法对田、水、路、林、村进行综合整治，目的是增加耕地面积，提高土地的利用率，是对城市建设占用耕地面积有效的补充。

2. 土地整治档案

土地整治档案是指各类土地整治项目从立项、实施到验收全过程中形成的具有保存价值的文字、图表、声像、电子文件等不同形式和载体的历史记录。

（二）类别

国土资源部土地整治中心编制的《土地整治档案管理指南》中，根据不同土地整治项目的性质，将土地整治档案划分为 13 个类别。

（1）国家投资土地开发整理项目档案。

（2）土地整治重大工程建设项目档案。

（3）农村土地整治示范省建设项目档案。

（4）高标准农田项目档案。

（5）山水林田湖草生态保护修复工程项目档案。

（6）省级以下土地整治项目档案。

（7）土地复垦方案档案。

（8）采矿用地方式改革试点方案档案。

（9）工矿废弃地复垦利用试点专项规划档案。

（10）耕地质量等级调查评定与监测档案。

（11）城乡建设用地增减挂钩项目档案。

（12）土地整治规划档案。

（13）土地整治科技档案。

以上 13 个类别的土地整治档案基本涉及了目前我国已开展的所有类型的土地整治项目，本书主要以土地整治工程类档案管理为重点，其他类别的土地整治档案将不再赘述。

第二节　土地整治档案的特点

土地整治档案真实记录了工程建设的各项活动，全面、综合地反映了建设全过程的实际情况，是真实反映建设全过程唯一的依据性技术成果，是建设质量状况的综合反映，它具有多样性、复杂性和专业性特点，发挥着项目质量、责任监督的特效作用，是质量的重要依据，是分析审查质量最有力的信息资料。

一、多样性

土地整治是一项涉及面广、内容复杂、技术综合的系统工程，《土地整治工程质量检验与评定规定》（TD/T 1041—2013）中的"工程项目划分表"将土地整治工程内容分为土地平整工程、灌溉与排水工程、田间道路工程、农林防护与生态环境保持工程及其他工程，涉及房屋建筑、市政道路、水利水电、农林生态等诸多领域的工程类型。土地整治项目建设周期长，参建单位类型多，工程建设阶段性强并且相互穿插，这种在不同阶段、不同专业领域形成的不同文件材料，造成了土地整治档案的复杂性、多样性的鲜明特点。

土地整治档案是多层次、多环节、相互关联的复杂系统，其多样性主要表现在以下几个方面：

（1）土地整治项目的参建单位和涉及的外部单位多。纵向：省级、市级、县级国土资源主管部门；省级土地整治机构、市级土地整治机构、县级土地整治机构、个人。横向：承担单位、设计单位、施工单位、监理单位、审计单位、工程复核单位。外围：规划、农林、勘察、电力、设备仪器供应等部门。涉及各单位所形成的档案内容复杂多样。

（2）文件形式包括文本、数据、图像、图形、音频、视频、程序等。传统的载体为文本、图纸（底图、蓝图等）、胶片（照片、底片、缩微胶片）、磁带（录像带、录音带）等；数字的载体为存储介质，如光盘、磁带、磁盘等；实物的载体为奖状、奖杯、证书等。

二、复杂性

土地整治档案所反映的是一个工程项目从提出建设到竣工验收、投入使用的全过程，一个土地整治项目形成的全部档案是一个有机联系的整体。它反映项目建设的申报立项、勘察设计和施工竣工3个阶段的连续性以及项目建设中各项专业内容内在的关联性。在项目建设的各个阶段都会形成各种文件材料。在这种既相互联系又相互独立的社会活动过程中，产生的反映这些活动的档案材料，也自然围绕一项项的活动客体而形成了一个互相之间联系密切的有机整体。土地整治档案的完整性体现在其复杂性，它是以复杂的形式表现出来的。特别是一些投资规模较大的土地整治项目，常常是由许多单位分工协作完成的，它涉及很多专业和学科，因此在此过程中就会产生大量的工程档案，造成了土地整治档案复杂性的显著特点。

例如，湖北省宜昌市长阳县榔坪等3个乡镇2013年度高标准农田土地整治项目，是由黄冈市土地勘测规划设计院、襄阳华罡项目管理有限公司、宜昌天成建设有限责任公司、湖北省丹江口同力建设工程有限公司、湖北华聚工程质量检测有限公司等十几家单位分工协作完成的。它涉及设计、施工、监理、检测等档案资料，不仅内容复杂且繁多，这些单位的案卷全面地记录和反映了一个工程项目的全过程、全面貌和全部内容，反映了阶段之间、结构之间、内容之间的内在联系，构成了该项目工程档案的完整形态，即案卷的复杂性。

三、专业性

土地整治档案的专业性，实质上就是土地整治档案所记述和反映的科技知识的专业性。它是在土地整治项目建设活动中形成的，记述了各种门类的科学技术知识，包括建筑专业知识、水利专业知识、道路专业知识、农林专业知识等。所以，各种土地整治档案不仅在内容上各不相同，而且表达内容的方式也不一样，具有很强的专业性。例如，重庆市巴南区2016年度农业综合开发土地治理项目，涉及对重庆市巴南区2016年度农业综合开发土地治理项目的规划、科研、设计、施工、监理、检测等，在其建设过程中产生的一些工程文件材料，就是对该土地整治项目的科研、设计、施工、监理等活动过程进行全过程、全方位的记录，是土地整治项目专业技术内容及相关方法和手段的集中反映，作为工程技术活动的产物，造成了土地整治档案专业性的突出特点。

此外，每一个土地整治项目都是根据当地不同的地形地貌、水文地质、气候条件、人文环境、社会经济以及设计人员的不同思维等进行设计的，它不同于工业产品，可采用相同的设计、材料、程序，生产出从外形到内容都毫无二致的产品。可以说，每个土地整治项目从设计到施工都不尽相同，具有独特性、唯一性的特征，其形成的档案也具有唯一性，一旦丢失就难以弥补。

第三节 土地整治档案的作用

　　土地整治档案是土地整治项目建设的一个缩影，不同于文书档案，是土地整治规划、建设、管理活动中形成的具有保存价值的文字材料、图纸照片、声像制品等档案资料，它是土地整治项目建设等各项管理活动中直接产生和形成的原始记录，同时又是真实记录土地整治建设发展过程的第一手资料，它既维护着土地整治行业发展历程的真实性，又对土地整治工程质量起着重要的指导、监督、保证作用，而且还承担着维护和保障各参与方利益的重要作用。

一、行业发展的历史记录

　　在土地整治事业的发展历程中，各地积累了众多土地整治工作成果，形成了数量庞大、种类繁多的土地整治档案，这些土地整治档案真实记录了土地整治的发展过程，反映了土地整治事业的时代变迁。从第一部《中华人民共和国土地管理法》诞生并对相关工作作出原则性规定开始，土地整治工作经历了探索起步期（1986—1997 年）、发展壮大期（1998—2007 年）和跨越发展期（2008 年至今）3 个阶段。在 1998 年以前以"土地整理"概念为标志，1999—2007 年以"土地开发整理"概念为标志，党的十三届三中全会第一次在中央层面提出"土地整治"概念，它是对"土地整理"和"土地开发整理"概念的继承和发展。总体来看，20 世纪 80 年代中期以来，特别是 1998 年以来，土地整治工作得到了长足发展，内涵不断深化、外延不断扩展，总体上呈现出"规模扩展、内涵延伸、品质提升"的发展态势，社会关注和认知程度不断提高，综合效益日益凸显。

二、维护和保障各参与方的利益

（一）土地整治档案发挥凭证依据作用

土地整治档案是项目质量管理的重要记录，是土地整治项目施工管理、竣工验收、检验工程质量的重要凭证，也是出现工程质量安全事故时的认定依据。土地整治项目建设过程中，有许多工序是要被下一道工序所掩盖的，也就是通常所说的隐蔽工程。对这一部分，在工程竣工后是看不到摸不着的，也难以检测，只能根据掩盖前的照片、录像、图纸以及各种现场记录对这一部分工程进行评定，工程档案在这方面的作用就是无可替代的，一旦出现质量安全事故时，监管部门必须对工程建设期间的相关档案材料进行综合分析，从而认定事故的具体性质及原因，界定各参与方应承担的责任。土地整治档案的凭证作用，还体现在土地整治项目后期管护阶段，土地整治工程在后期管护阶段难免会出现各种质量问题，管护单位可以根据土地整治项目施工阶段的档案，制定相应的管护对策及维修方法，做到心中有数，有的放矢，从而确保群众的基本利益。

（二）土地整治档案提供参考依据作用

土地整治工程技术人员在承接一项工程设计项目时，首先应查询档案以确定是否已有过类似的项目设计。利用原有的土地整治工程档案，参考、学习、借鉴前人的成果，扬长避短，少走弯路，拓宽工程技术人员的思路，使所采用的设计参数更加合理。利用技术档案，直接套用其中一部分，可缩短设计周期。可以说任何一个新的土地整治工程都不可能是全新的设计建设，很多情况下是利用旧的设计图纸的适用部分，进行局部修改。尤其是设计单位，承担项目所利用的设计档案，一般可占设计文件材料的 $30\%\sim40\%$，如机耕桥、节制闸、泥结石路、混凝土路，现行颁布的标准化通用图设计均可以重复参考使用，极大地节省了设计时间，缩短了设计周期。不仅提高劳动生产率，节约劳动时间，降低劳动成本，而且因为重复利用的图纸往往是经过实践证明得来的正确成果，使得设计质量更有保证。因而尽可能地发挥土地整治档案作用，充分利用原有土地整治工程档案，无疑是降低劳动成本，提高经济效益的重要途径之一。

（三）土地整治档案是财务审计及计量支付的依据

土地整治项目作为一项复杂的系统工程，工程计量和财务审核必须要根据和利用完整的档案才能够完成。工程计量的依据有：①质量合格证书；②工程量清单和技术规范；③设计图纸。承担、施工、监理、审计等单位的计量支付档案的收集整理，对工程建设财务审计十分重要。尤其是工程设计变更、工程量变更、合同变更、工程项目概预算调整等，是审计检查的重点。完整齐全的档案资料，解释、补充并说明了工程各种变更、概预算调整的合理性、合法性和必要性。在计量支付过程中，支付必须建立在真实合法有效的计量档案基础上才能实施，而计量档案则是在各种施工档案和业主监理档案等相应认可档案基础上形成的合法性档案，所以在保管和利用土地整治档案之际，一定要保证土地整治档案的系统性和完整性，此外更要保证它的科学性和准确性，只有在这个前提下，档案的利用价值才能真正地发挥和体现。

第二章　土地整治档案管理概述

中华人民共和国成立后多次进行了以基本农田建设为主要内容的土地整理活动，而现代意义上的土地整治则是在改革开放以后，大规模开展土地整治只有十几年历史。特别是国土资源部土地整治中心以及省级、市级、县级土地整治机构相继成立以来，土地整治工作在全国范围内广泛开展、深入推进，在保障国家粮食安全、促进城乡统筹发展、维护群众权益等方面发挥了重要作用。土地整治档案管理工作是土地整治工作的基础和起点，在整个土地整治工作中有着十分特殊的地位，因此做好土地整治档案管理工作具有重要意义。

第一节　土地整治档案管理现状

一、国内土地整治档案管理现状

近年来，国土资源部高度重视业务档案管理工作，先后印发了《国土资源部关于进一步加强和做好国土资源档案工作的通知》（国土资发〔2015〕151号）、《国土资源部　国家档案局关于印发〈国土资源业务档案管理办法〉的通知》（国土资发〔2015〕175号）、《国土资源部办公厅关于印发〈国土资源档案工作"十三五"规划〉的通知》（国土资厅发〔2016〕47号）。土地整治档案作为国土资源业务档案的重要组成部分，在国土资源依法行政、资源保护与开发利用等工作中发挥着重要作用，随着近几年巡视、纪检、审计、司法等机构对土地整治档案的大量查阅，土地整治档案也为推动工作、查清事实、保护干部提供了重要的基础资料。

当前，全国土地整治档案工作尚未达到同步、统一的标准，各地方土地整治机构的档案管理意识、档案管理规范性，以及档案管理现状均有所差异。大部分土地整治机构已开展土地整治档案管理工作，形成了大量的实物档案和电子档案，并逐步推进土地整治档案的信息化管理。

（一）档案管理模式逐步形成

目前，各地方土地整治机构都已陆续开展了土地整治档案管理工作，其主要管理模式为：职能部门负责档案管理工作；业务部门负责项目材料的收集、归档、保管等工作；项目实施单位为档案材料形成单位，负责材料收集、整理、移交工作。部分单位档案管理能够达到"四有"标准，即有制度、有专人、有库房、有实体。如湖北、湖南、吉林、重庆、内蒙古、宁夏、新疆等省（自治区、直辖市）均建立了统一管理、统一制度、层次分明、有效运转的档案管理网络。

（二）档案管理工作逐步规范

2015年，国土资源部印发了《国土资源部　国家档案局关于印发〈国土资源业务档案管理办法〉的通知》国土资发〔2015〕175号，对国土资源系统业务档案的各项管理工作给出了明确的方向。国土资源部土地整治中心目前已编制完成《土地整治档案管理指南》，并在此基础上开展土地整治档案、资料管理相关标准研究，为全国土地整治档案管理工作提供参考和依据。大部分地方土地整治机构已建立了各项档案制度，明确了档案管理的基本工作要求，确保了档案管理的规范化和制度化。宁夏土地整治档案管理制度全面，印发有《宁夏中北部土地开发整理重大工程档案管理规定》《宁夏中北部土地开发整理重大工程项目规划图及竣工图、单体设计图图件与数据要求》等。湖北除建立有《湖北省土地整治项目档案管理办法》外，还研究编制了

《湖北省土地整治工程档案整理规范》。内蒙古制定有《内蒙古自治区土地整治项目文件归档规范》和"项目归档范围及保管期限表""档案分类方案""土地整治项目归档资料分类表""项目参建单位资料目录汇编"等文件资料。部分机构还制定了相应的档案人员岗位责任制度，将其纳入单位岗位责任制考核。档案管理人员基本能够做好档案的日常收集、整理、保管以及档案借阅和利用登记等管理工作。已归档项目档案保管状态良好，多数单位能够保证独立库房，档案排放整齐，便于查找。如新疆各级整治机构档案库房空间大，设施设备齐全，并能够满足机构档案发展需求。内蒙古档案设备、库房专用设施设备配备情况及保管环境较好。部分土地整治机构将档案委托当地档案馆或有条件的上级单位档案室保管。

（三）档案管理工作同步推进

各地方土地整治机构一般都是依据土地整治项目统一名称结合本地项目类型对档案进行分类，大部分档案分类较规范、统一。例如，吉林、重庆、湖北、内蒙古等省（自治区、直辖市）已建立了土地整治档案分类方案，明确了各类土地整治项目档案的材料构成。土地整治档案利用管理较为规范，档案利用率较高，部分地方年利用达100余次，普遍用于审计、查考及研究工作。目前土地整治声像档案管理工作正在逐步推进，部分单位声像档案管理工作开展较好，照片档案丰富且完整、齐全，并已形成一定数量的影像资料，广泛用于宣传工作。如吉林土地整治声像档案丰富、完整，项目对比照片清晰，可利用性强。重庆采用土地整治项目管理系统集中管理项目电子及照片档案。宁夏声像档案管理到位，除照片档案外，还保管有项目实施前期、中期、后期的航拍影像资料及与电视台合作拍摄的宣传视频资料，并以光盘、硬盘形式备份保存。

（四）档案信息化工作有所推进

各地方土地整治机构多数已应用档案管理软件管理档案，档案管理软件多为市场购买，其应用有效提高了档案管理工作效率。土地整治项目电子档案管理情况较好，基本保证与实物档案一致，电子档案的存储方式有计算机存储和项目管理系统存储（服务器）两种。档案数字化工作正逐步推进，各地方土地整治机构对档案数字化已有普遍认识，因档案数字化费用较高，各地开展数字化工作情况不一，宁夏回族自治区国土开发整治管理局、重庆潼南县土地整治中心档案数字化工作走在前列，已完成库存项目档案数字化工作。

二、国外土地整治档案管理现状

土地整治最早出现在欧洲，英国早期（1500—1830 年）的"圈地"运动实际上就是把一些分散的农业用地整合成大面积的有利于农业生产的土地。在丹麦，土地整理的萌芽可以追溯到 1780 年开始的农业用地的私有化过程。欧洲的现代土地整理可以追溯到"第二次世界大战"以后，那段时期城乡之间平等发展的理念在欧洲得到了公认，同时粮食安全也得到了关注，农村土地整理不仅在调整农业产业结构、降低土地细碎化和提升农场规模上发挥了重要作用，同时在粮食生产提高和农业收入增长上发挥的重要性也得到了大多数人的认同。随后，一些西欧国家的土地整理开始逐渐转变为一种满足公众对获取土地或解决各种土地冲突的政策工具。土地整理的目的也逐渐从提供更多的紧急效益转变为实现更为环保和可持续的土地利用。更为重要的是，当今欧盟已经将土地整理视为一种很好的、必不可少的提升农业综合发展的政策。

虽然不同国家和地区对土地整治有着不同的称谓，如德国、荷兰、俄罗斯等称之为土地整理，日本则称之为土地整治或整备，又称之为耕地整理，澳大利亚称之为土地复垦整治，哈萨克斯坦称之为土地整理，埃及称之为土地综合整治等，且各国对土地整治内容有着不同的理解，土地整理法律法规各不相同，但是这些国家在土地整治的理论、法制建设、项目管理和档案管理等方面积累了十分丰富的经验，尤其是德国和荷兰具有先进性和代表性。我国的土地整治工作尚处于起步阶段，档案管理人员充分学习和借鉴发达国家土地整治方面的先进经验，有助于推动我国土地整治项目管理及档案管理。

（一）德国土地整理档案管理现状

1. 德国土地整理的内容

德国土地整理的内容包括合并土地、村镇改造、开辟建设用地、提供公共建设用地、景观的塑造和保护、森林土地整理、特种经济作区的土地整理、地籍更新测量 8 个方面的内容。

2. 德国土地整理的机构建设

德国土地整理是在土地整理局的监督指导下而进行的一种经济活动，德国土地整理局的职责是制定相关规章制度和规则，监督土地整理过程，并执行有关法律规定。在各基层地区设有土地整理机构，其中州土地整理机构为最高权力机构，基层土地整理机构只需要负责本区域内的工作，另外，参加者联合会为土地整理的具体执行单位。

3. 德国土地整理的法律保障

德国土地整理的法律依据包括德国联邦土地整理法和各州制定的实施细则与条例。德国联邦土地整理法于 1953 年颁布，并在 1976 年和 1982 年进行了修改，德国联邦土地整理法中具有完善的制度，明确规定了土地整理的目的、方法、机构设置、成果验收、权属调整等，此外，还规定最高行政法院需负责审议、处理诉讼案件。在州一级内部设立独立的仲裁机构，负责解决有关争议问题。

4. 德国土地整理档案管理内容

基层土地整理部门负责本辖区的土地整理工作，参加者联合会为临时的组织机构，负责确定项目区内土地整理项目的具体事务，接受基层土地整理部门的监督管理。土地整理档案由参加者联合会提供，基层土地整理部门负责整理、检查和移交工作。德国土地整理档案的主要内容见表 2-1。

表 2-1　　　　　德国土地整理档案主要内容汇总表

序　号	名　　　称	阶　段
1	土地整理决定	准备
2	土地登记册	准备
3	参加者联合会章程	准备
4	农用地土地整理价格评定资料	准备
5	集体和公共设施建设规划	准备
6	项目实施的工程资料	实施
7	地产重新划分方案	竣工
8	地产重新划分图	竣工
9	新地产以及集体和公共设施明细表	竣工
10	重要决定汇编	竣工
11	结束土地整理决定	竣工

（二）荷兰土地整理档案管理现状

1. 荷兰土地整理的类型及内容

荷兰土地整理主要包括以非农业为目的的土地整理、以农业为目的的土地整理、土地调整和基于协议的土地整理 4 种类型。在土地整理的开始时期，荷兰十分强调增加农田的平均场地尺寸及农业经济性指标，而近年来荷兰土地整理工作的重心已有所转移，开始以保护生态环境、美化土地及建设户外设施等多重利用方面为重心。

2. 荷兰土地整理的机构建设

荷兰土地整理的管理机构是在不断发展变化着的。大体说来，在20世纪，土地整理项目是由中央土地整理委员会及项目执行单位来共同管理的，最近十几年，土地整理项目的管理权下放到区或省一级政府，省一级政府还接管了项目实施的部分权利。现在，土地整理项目实施部门为区土地整理委员会，主要负责土地整理和农村开发整理项目实施过程中的管理工作。

3. 荷兰土地整理的法律保障

荷兰土地整理的发展也带动了相关法律制度的逐步建立。1924年第一部法案的出台，在法律层面上明确了土地整理；1935年，荷兰建立了土地整理服务局；1938年出台的第二部土地整理法案，简化了土地整理项目的审批程序；1954年新的土地整理法案的出台，使土地整理项目和空间规划之间的关系变得越来越敏感；1965年颁布的空间规划法案，规定了省级项目须与地区空间规划保持一致；1985年，国家新的土地整理法律的颁布提供了多种可选实施方案，还保留了1954年法案中的投票表决制度。

4. 荷兰土地整理档案管理内容

《荷兰土地整理条例》的一般程序中将土地整理的程序分为3个阶段，即启动阶段、准备阶段和实施阶段，每个阶段又分为若干步骤。荷兰的土地整理项目中各项目档案资料就按照这3个阶段来进行划分，初步划分为启动阶段档案资料、准备阶段档案资料和实施阶段档案资料。同时，《荷兰土地整理条例》中明确中央土地整理委员会由3～7人组成，代表项目区有关各方利益，最后档案资料的整理和移交工作由中央土地整理委员会负责。

（1）启动阶段。由权威机构、私有土地所有者、社会团体、有关基金协会等提出土地整理项目申请，由中央土地整理委员会提供咨询报告，咨询报告认为可行后必须提供土地整理规划大纲，并将这些资料一并交由农业和渔业部，农业和渔业部通过申请后会将这些申请列入土地整理项目计划内。此阶段需存档的资料有土地整理项目申请、咨询报告和土地整理项目计划。

（2）准备阶段。该阶段主要制定土地整理规划大纲和土地整理规划，针对大纲存在的问题提出建议并进行修改。在启动阶段的咨询报告中必须指明是采用简单准备还是分阶段准备，简单准备适用于一般的土地整理项目，分阶段准备适用于问题复杂，尤其是规划情况不清楚的项目，两者档案资料的不同在于，简单准备的土地整理项目可直接制定土地整理规划大纲，而分阶段准备的土地整理项目在制定土地整理规划大纲前先有一个土地整理计划，规划大纲是根据这个计划细化得来的。不管是何种规划大纲，其重要的一个组成部分就是政策图，政策图规定未来哪些项目是适合实施的，此外规划大纲中必须包括建议、分析和土地整理方案。此阶段需存档的资料有土地整理计划（分阶段准备）、土地整理规划大纲（包含了省级农业发展委员会关于土地利用结构的建议、科学委员会关于自然和土地景观保护的建议、国家林业管理机构关于土地景观的建议、户外休闲管理官员的建议、土地整理方案）、土地整理规划。

（3）实施阶段。在此条例中未明确指出实施阶段的资料，但不管何种土地整理项目在建设过程中均存在招投标资料、施工资料和验收资料等。

（4）荷兰土地整理档案中土地整理规划（简单准备）、土地整理计划（分阶段准备）以及土地整理规划（分阶段准备）的相关内容见表2-2。

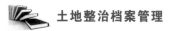

表 2－2   土地整理规划和土地整理计划内容汇总表

序号	土地整理规划 （简单准备）	土地整理计划 （分阶段准备）	土地整理规划 （分阶段准备）
1	准备阶段的目标和原则	项目区每个地块的边界	项目区每个地块的边界
2	项目区每个地块的边界	现状描述	现状描述
3	现状描述	列入自然规划中的开发建议	列入自然规划中的开发建议
4	自然规划中对项目区域的有关说明	项目目标和将要实现的基础设施概况	将要实现的基础设施概况
5	必要的措施和设施，如道路、水道、堤坝的改变，土地景观的保护	初步的土地征用计划	初步成本估计和分摊
6	基于非农目的土地整理，应该指出项目区哪部分土地将被重新分配	项目在经济、环境等方面的预期效果	保护区的划定
7	保护区域的划定	初步成本估计和分摊	公共道路、水系、沟渠、自然景观保护区、户外休闲娱乐区、其他公共用地
8	公共道路、水道、堤坝的所有权及管理	图件	
9	有关娱乐、自然景观保护和其他公共用地的所有权问题		
10	土地购买、征用和扣除的特别说明		
11	成本评估和分摊		
12	项目预期效益的描述，如经济状况、生活和工作条件、自然和土地景观、土壤、水、空气质量等		

三、土地整治档案管理发展趋势

（一）完善管理体系，规范档案管理

1. 完善档案管理组织网络

加强土地整治档案各级工作联系，把工作网络延伸到基层的专（兼）职档案管理人员，将其纳入全国土地整治档案管理网络体系中。进一步完善土地整治机构中业务部门与职能部门档案联络员制度，形成内部档案组织网络，档案收集管理职能要明确到具体科室和个人，为档案工作全员参与营造氛围，打好基础。

2. 建立统一的土地整治档案管理相关规范

梳理现行各类土地整治档案管理具体规章制度和行业标准规范，尽快编制统一规范的土地整治档案管理标准，进一步推动土地整治档案管理规范化。

3. 加强档案硬件建设

切实做好土地整治档案库室的规划建设工作，条件有限的机构可积极联系当地档案馆移交档案，缓解库房紧张、保管条件差的突出矛盾，对于明显不符合档案管理标准的库房，要及时调整修缮，确保档案安全。

4. 加强土地整治档案管理队伍建设

落实档案人员编制，稳定档案管理人员队伍，确保档案工作的延续性、稳定性，加强对管理人员的业务培训，提高档案管理人员的业务能力。

（二）加快推进土地整治档案信息化建设

加快推进存量档案数字化和增量档案电子化工作，加强对档案的开发利用是新形势下档案管理工作的新要求。各地根据实际发展需要，配备和更新必要的信息化设备，推进档案管理系统软件应用，进一步提高

档案库房和各类型档案的现代化、规范化管理程度。同时，加强对电子类（文本、图件）、数码影像类等新型档案载体保存管理规范的研究探索，保障新型档案保存的长久性和安全性。充分利用土地整治档案信息资源，丰富专题汇编和编研成果，利用信息技术，推进政府信息公开化建设，进一步提高政务公开力度，充分发挥档案作用。

第二节　土地整治档案管理原则

一、档案工作基本原则及内涵

（一）档案工作基本原则

遵守《中华人民共和国档案法》。档案工作以统一领导、分级管理为原则，维护档案的完整与安全，便于社会各方面的利用。

（二）档案工作内涵

1. 基本要求

档案工作的基本要求是要采取各种有效措施保护档案的完整与安全。档案的完整包括档案材料收集齐全和整理系统两个方面，档案安全包括档案实体安全和档案内容安全两个方面。

2. 根本目的

档案工作的根本目的是要充分开发利用档案信息资源，为社会各个方面提供有效的服务。它体现了档案工作的服务性质，是检验档案工作效果的重要标准。

二、土地整治档案管理工作原则

（一）统一管理

《国土资源部关于进一步加强和做好国土资源档案工作的通知》

（国土资发〔2015〕151号）指出：进一步健全档案工作体制机制，落实统一领导、分级管理的原则。

《国土资源部　国家档案局关于印发〈国土资源业务档案管理办法〉的通知》（国土资发〔2015〕175号）指出：国土资源业务档案工作实行统一领导、分级管理。

土地整治档案是各级土地整治机构资产的重要组成部分，是土地整治工程管理的基础。各级土地整治机构应对土地整治档案工作实行统一管理，认真执行国家档案工作法律法规，建立健全土地整治档案工作各项规章制度，对本单位各部门和设计、施工、监理等参建单位进行有效的监督、指导，建立切合实际的土地整治档案工作的管理制度和工作程序，确保土地整治档案工作与土地整治项目建设同步进行，坚持资源整合和资源开发。

（二）强化服务

《国土资源部关于进一步加强和做好国土资源档案工作的通知》（国土资发〔2015〕151号）指出：推进国土资源档案利用体系建设，要强化档案利用意识，健全完善档案服务机制，依法做好国土资源档案利用服务。

《国土资源部　国家档案局关于印发〈国土资源业务档案管理办法〉的通知》（国土资发〔2015〕175号）指出：各级国土资源主管部门应当建立健全档案利用制度，并为档案利用创造条件，简化手续，提供方便。

土地整治档案是土地整治项目移交后运行、维修、管护等工作的重要依据，是各级土地整治机构档案工作的重要内容。档案工作的"产品"就是服务，在服务的"系统"中，土地整治项目建设活动中形成、收集的文件、记录、数据信息是档案工作的"输入"，而利用是档案工作的"输出"，其"输入"的质量决定着"输出"的质量。

因此，应建立健全文件材料归档和档案管理工作，构建土地整治档案资源体系和档案利用体系，切实做好档案编研工作，加强对土地整治档案资源的开发利用，把"死档案"变成"活信息"，形成深层次、高质量的土地整治档案编研成果，更好地为领导决策、政策研究、依法行政等提供参考。同时，改进查阅方式，简化查阅手续，优化工作流程，最大限度地为利用者提供档案服务，这也是衡量档案工作成效的尺度和土地整治档案工作发展的导向。

（三）信息化管理

《国土资源部 国家档案局关于印发〈国土资源业务档案管理办法〉的通知》（国土资发〔2015〕175号）指出：各级国土资源主管部门应当在业务档案管理规范化的基础上，加强档案信息化工作，提高档案管理水平。

土地整治档案管理的方法与技术应适应各级土地整治机构管理发展的需要，并以档案管理信息化为发展方向。各级土地整治机构应加快开展数字档案馆建设，探索电子文件、电子档案管理的技术、方法，实现土地整治档案信息化。同时，各级土地整治机构要加强统筹协调，相关业务部门要密切配合，依托已有的信息网络和平台，收集整合各类土地整治档案。

（四）安全管理

《国土资源部关于进一步加强和做好国土资源档案工作的通知》（国土资发〔2015〕151号）指出：加强国土资源档案安全体系建设，建立完善档案安全应急管理制度，切实改善档案保管安全条件，保障档案信息安全，加大安全保密检查力度。

《国土资源部 国家档案局关于印发〈国土资源业务档案管理办法〉的通知》（国土资发〔2015〕175号）指出：国土资源业务档案保管库房应当符合国家有关规定要求，具备防火、防盗、防高温、防潮、防尘、防光、防虫、防磁和防有害气体等保管条件，以维护档案的完整与安全。涉及国家秘密的国土资源业务档案的管理，应当遵守国家有关保密的法律法规。档案管理人员要做好国土资源业务档案实体安全、信息安全等检查工作，及时消除安全隐患，认真记录检查、整改情况。

确保档案的完整，从数量上说，要保证土地整治档案在内容上齐全、完整、配套，不使应集中保管的档案缺文短页，杂乱无章；从质量上说，要保持土地整治档案的系统性和内在的有机联系，在范围上应涵盖土地整治项目建设全部活动所产生的各种门类、各种形式的档案，严防对档案人为地加以割裂和零乱堆砌。维护土地整治档案的安全，从档案的物质安全上说，要努力采取科学措施，对档案进行良好的管理和保护，使其免遭损坏，尽量延长寿命；从安全上说，严防档案的丢失和失密、泄密现象的发生，严守档案中所含的涉密事项，保护知识产权，维护参与各方的合法权益。档案的完整与安全是密切联系的统一体，只有维护了档案的完整而无遗漏，才能有效地保证档案的安全；同时，只有维护了档案的安全而无丢失，才能更好地维护档案的完整。

第三节　土地整治档案管理职责

《建设工程文件归档整理规范》（GB/T 50328—2014）规定：建设、勘察、设计、施工、监理等单位应将工程文件的形成和积累纳入工程建设管理的各个环节和有关人员的职责范围。

《国土资源部关于进一步加强和做好国土资源档案工作的通知》（国土资发〔2015〕151号）指出：各级国土资源档案机构要加强对档案收集整理工作的监督指导，文件材料形成部门要切实执行"谁形成

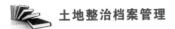

谁收集、谁立卷谁归档"的原则，特别是在开展重点工作、重大活动、重大建设项目时，同步做好文件材料的收集、整理、归档工作。

一、各级土地整治机构档案管理职责

在国土资源部土地整治中心编制的《土地整治档案管理指南》中，各级土地整治机构管理职责如下：

（1）国土资源部土地整治中心承担全国土地整治档案制度建设、标准建立、监督和指导、培训、提供利用服务、国家级土地整治项目成果资料及电子档案的接收和保管等职责。

（2）省级土地整治机构承担本省（自治区、直辖市）土地整治档案制度建设、标准建立、监督和指导、培训、提供利用服务、国家级土地整治项目成果资料编制、国家级土地整治项目省级材料的归档和保管、省级土地整治项目材料的归档和保管等职责。

（3）市级土地整治机构承担本市（区）土地整治档案制度建设、监督和指导、提供利用服务、国家级土地整治项目市级材料的归档和保管、省级土地整治项目材料的归档和保管、市级土地整治项目材料的归档和保管等职责。

（4）县级土地整治机构承担本县（市、区）土地整治档案制度建设、提供利用服务、国家级土地整治项目全部材料的归档和保管、省级土地整治项目材料的归档和保管、市级土地整治项目材料的归档和保管、县级土地整治项目材料的归档和保管等职责。

二、参建单位档案管理职责

（一）土地整治承担单位（法人）职责

土地整治承担单位是土地整治项目建设的法人主体，对各参建单位负有组织、协调、检查和指导的职责，并应将档案工作纳入土地整治项目建设计划和岗位责任制，建立有效考核措施，实施制度保障和组织保障，其主要职责如下：

（1）落实领导责任制，组建由监理、设计、施工等参建单位参加的档案管理领导小组；建立健全档案管理制度；统一业务标准和规范；构建档案管理网络体系；对土地整治档案的文件形成、整理归档、验收与移交的全过程进行监督、协调、指导和检查。

（2）在工程招标及与勘察、设计、施工、监理等单位签订协议、合同时，应对工程文件的套数、费用、质量、移交时间等提出明确要求。

（3）收集和整理工程准备阶段、竣工验收阶段形成的文件，并应进行立卷归档。

（4）负责组织、监督和检查勘察、设计、施工、监理等单位的工程文件的形成、积累和立卷归档工作；也可委托监理单位监督、检查工程文件的形成、积累和立卷归档工作。

（5）在组织工程竣工验收前，应进行工程档案的预验收；未取得工程档案验收认可文件，不得组织工程竣工验收。

（6）接收勘察、设计、施工、监理等单位移交的土地整治工程档案。

（二）总承包、分包（包括勘察、设计、施工）单位职责

（1）土地整治项目实行总承包的，总承包方负责总承包范围内的工程文件材料的形成、积累、整理、归档和保管工作，指导和监督分包方工程文件材料归档工作，对分包方提交的土地整治项目档案资料进行汇总、整理，土地整治项目竣工后向项目承担单位（法人）移交完整、准确、系统的土地整治项目档案。

（2）土地整治项目实行由项目承担单位（法人）直接签合同分包的，分包方负责收集、整理分包范围内形成的工程文件材料，接受土地整治项目承担单位（法人）的检查指导，并对归档工程文件材料的完整性、准确性、系统性负责，结束后及时将土地整治项目档案向项目承担单位（法人）移交。

（三）监理单位职责

（1）负责土地整治项目监理工作范围形成的文件材料的形成、积累、整理、归档和保管工作，并在投产后按承担单位（法人）要求移交。

（2）负责监督检查参建单位形成的本工程应归档文件的真实性、完整性和准确性。

（3）在项目竣工后，负责检查审核该项目全部工程档案，并编写审查报告移交承担单位（法人）。

三、各级涉档人员管理职责

（一）参建单位档案管理领导职责

1. 项目承担单位（法人）主管领导职责

（1）负责土地整治档案工作的领导，解决土地整治档案管理的人、财、物配置。

（2）组织完成土地整治项目承担单位（法人）的档案管理。

2. 监理单位总监理工程师职责

（1）组织完成土地整治项目监理工作范围形成的文件材料的形成、积累、整理、归档和保管工作，及时移交项目承担单位（法人）。

（2）负责土地整治项目监理档案管理的人、财、物配置和土地整治项目档案管理协调。

（3）主持监督检查文件的真实性、完整性和准确性。组织完成对土地整治项目全部竣工档案（竣工图）的审核。

3. 施工单位项目经理职责

（1）负责土地整治项目承包范围内档案工作的领导，以及土地整治项目施工档案管理的人、财、物配置。

（2）按要求组织承包范围内施工档案的收集、整理、保管并确保其真实、准确、完整、齐全，按规定移交项目承担单位（法人）。

（二）档案管理人员职责

1. 项目承担单位（法人）档案人员职责

（1）做好管理范围内形成档案的收集、整理、保管工作。

（2）对各参建单位档案的形成、收集、整理进行监督、检查、指导。

（3）保质保量接收、汇总和移交全部档案，完成档案预验收和申报专项验收。

2. 专业监理工程师职责

（1）做好专业监理资料的收集、汇总及整理工作。

（2）监督检查专业文件及竣工档案的真实性、完整性和准确性。

3. 施工单位档案人员职责

做好承包范围内档案的形成、收集、整理工作，保质保量向土地整治项目承担单位（法人）移交竣工档案。

4. 参建单位技术人员职责

参建单位技术人员是归档工作的直接责任人，须按要求将工作中形成的应归档文件材料进行收集、整理、归档，如遇工作变动，须先交清原岗位应归档的文件材料。

（1）按规范做好承包范围内专业技术文件的记录，确保其真实和准确。

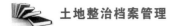

（2）完成承包范围内专业技术文件积累，按档案管理要求整理、移交，并确保其齐全、完整。

第四节　土地整治档案管理人员素质和能力

《国土资源部关于进一步加强和做好国土资源档案工作的通知》（国土资发〔2015〕151号）指出：加强档案干部队伍建设，各单位要依据国家有关规定和实际需要，配备与事业发展相适应的专（兼）职档案工作人员，为档案干部学习培训、交流任职等创造条件，切实帮助解决实际问题和后顾之忧，保持档案干部队伍相对稳定。

土地整治档案管理工作是一项专门性的业务工作，是一项涉及多种专业、多种学科的工作。档案管理人员素质和能力决定了土地整治档案的质量，要做好这项工作，档案管理人员必须具有较高的职业道德素质、文化素质和专业技术素质。

一、土地整治档案管理人员基本素质

土地整治档案管理人员的素质要求是由土地整治档案工作的性质、任务、目的和内容所决定的，档案管理人员的配备应与项目建设管理相适应。

（一）档案管理人员的政治素质

（1）要爱岗敬业，忠于职守，求真务实，甘于奉献；要坚决执行党和国家的各项法律和方针政策，讲道德，守纪律，不为名，不为利，不计较个人利益，有奉献精神。

（2）要树立三大意识。

1）服务意识。随着经济发展的需要，档案的经济价值、市场价值逐渐显现出来，这就要求土地整治档案管理人员树立超前服务、主动服务意识，深入调查研究，了解信息需求方向，充分发挥好土地整治档案信息资源的作用。

2）安全意识。由于土地整治档案工作具有一定的机密性和较强的政治性，如土地整治项目前期勘测工作中所使用的全国第二次土地调查现状和项目区实测地形为涉密资料。因此，档案专业工作人员应该树立较强的安全防范意识，尤应具备守口如瓶、严守国家秘密的政治素质，防止档案泄密事件发生。

3）创新意识。创新是工作持续改进、不断再上新台阶的动力，新形势下，以往那种因循守旧、墨守成规的工作做法将不再适应。因此，土地整治档案管理人员必须树立创新意识，勇于探索、勇于创新，不断研究共性的、规律性的新问题，提出创新的决策、对策和办法。

（二）档案管理人员的专业素质

土地整治档案管理应熟悉掌握文学、档案管理学、档案文献编纂学、档案保护技术学等档案专业基本知识，熟悉国家和行业有关档案工作的各项法规和方针政策，熟悉自己所从事的业务工作；能把档案专业法规、政策和档案专业基本知识以及其他专业知识灵活运用于土地整治档案管理工作中，熟练完成自己的业务工作。

（三）档案管理人员的综合素质

土地整治项目承担单位（法人）档案部门负责人应具有中级以上专业技术职称或大学本科以上学历或同等学力水平；档案人员应具备大专以上或同等学力水平。除了掌握档案学基本知识以外，还要掌握与所从事的专业工作相近的其他专业知识，21世纪是信息高速发展的时代，需要既懂档案学又掌握现代信息技术的复合型人才。这里的现代信息技术主要是指计算机网络与通信技术、声像技术、多媒体技术、数据库技术、数据存取技术、人工智能技术等。

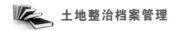

二、土地整治档案管理人员应具备的能力

《国土资源部办公厅关于印发〈国土资源档案工作"十三五"规划〉的通知》（国土资厅发〔2016〕47号）指出：加强国土资源档案工作人员业务培训，健全完善档案人员评价考核体系，探索并推行档案人员持证上岗制度，培养一支专业化的国土资源档案管理队伍。

进入信息化时代，土地整治档案管理人员无论从思想、工作还是技能等方面都应该逐步由传统的档案管理者向档案信息管理者转变。土地整治档案管理人员应将工作重心从实体管理转向信息管理，从注重文件的实体组织转向信息组织，从关注文件本身深入到文件背后的活动所具有的错综复杂的联系并把这些联系体现在网状的多层次的信息组织之中，这使档案管理人员由档案实体的保管者转变为信息的管理者。

在信息化时代，土地整治档案业务基础工作概念要增加新的内容，不能仅限于传统档案工作中的整理、编目等，应加入采用现代化技术手段，为信息开发而做的基础性工作，如计算机著录标引等。所以每一位土地整治档案管理人员从现在开始，就要不断地学习新知识、新技能，从信息管理者的角度去学习、工作、思考，以满足土地整治各方面日益增长的利用档案信息的迫切需要。

（一）沟通能力

在实际工作中土地整治档案管理人员协调能力的发挥常与档案的齐全、完整联系在一起。为了做好档案工作，档案管理人员要和有关部门、人员打交道。取得各方面的支持，除了遵循有关的规章制度，更需要档案管理人员发挥协调能力，通过协调统一工作达到各部门档案管理的目的。

（二）操作能力

要成为一名合格的土地整治档案管理人员，最基础的是要具备实际操作技能，具体包括档案立卷，档案整理、编目、鉴定，档案著录、标引以及档案保护等。此外，还需要具有统筹安排、仔细耐心的基本品质。

（三）写作能力

土地整治档案管理人员有一部分工作直接与文字打交道，这就要求档案人员有较高的文字书写能力和较强的文字系统概括能力。有了一定文字水平，才能胜任档案工作，才能将各种材料写得更好，才能更好地为各级土地整治机构档案管理工作服务。

（四）管理能力

要成为一名优秀的土地整治档案管理人员，除了具备基本操作技能外，还需要打造自己的管理能力。档案管理工作涉及收集、整理、归档、鉴定、保管、开发利用等一系列程序，协调处理好这些程序的衔接，必然要求具备一定的管理能力。

（五）学习能力

新形势下土地整治档案管理人员必须具备学习的能力。当前已经进入终身学习的时代，不会学习将难以跟上新时代发展步伐。同样，档案管理工作内容、技术也在日新月异，不主动学习、不善于学习，最终会被淘汰。

第三章　土地整治文件收集

　　土地整治文件收集工作是整个土地整治档案管理工作的基础，是开展土地整治档案管理规范化、标准化的第一步。同时，随着国土资源信息化建设不断推进，土地整治项目也需要建立、完善信息系统，实现土地整治项目管理的数字化、信息化，而项目管理的数字化、信息化需要以大量的项目信息档案资料为基础。做好土地整治文件收集工作，是关乎后续土地整治档案整理、移交、保管及利用等一系列工作是否达标的关键。土地整治档案材料收集工作首先需要界定土地整治项目档案的收集范围，其次应明确纸质文件、声像文件以及电子文件等档案材料收集的质量要求，最后还应了解土地整治档案收集工作对归档文件相关质量要求的控制方式。

第一节　收　集　范　围

　　国土资源部土地整治中心编制的《土地整治档案管理指南》于 2016 年发布前，各省（自治区、直辖市）土地整治机构主要根据《国土资源部关于进一步加强和做好国土资源档案工作的通知》（国土资发〔2015〕151 号）、《国土资源部　国家档案局关于印发〈国土资源业务档案管理办法〉的通知》（国土资发〔2015〕175号）的要求，依据项目统一名称结合本地项目类型对档案进行分类，以项目材料齐全、完整为原则，结合本地区土地整治项目文件实际情况对土地整治项目文件进行收集。

土地整治项目投资规模较大，工期长，档案材料构成复杂，因程序管理、文件收集不到位，致使档案不齐全，补充完善的难度则较大，直接影响土地整治档案的完整性和效力。据调查了解，内蒙古自治区土地整治中心编制的《土地整治项目归档资料分类表》、新疆维吾尔自治区土地开发整理建设管理局编制的《土地整治项目竣工档案管理技术要求》、湖南省土地综合整治局编制的《农村土地整治项目档案资料管理规范》以及湖北省国土整治局编制的《湖北省土地整治档案整理规范》，为本地区各级土地整治机构档案管理工作提供了依据和标准。不同省（自治区、直辖市）土地整治机构编制的管理办法、标准的内容虽有所差异，但均界定了各类土地整治项目文件的收集范围，主要内容包括土地整治项目整个过程的纸质文本材料、图件材料、电子文档、声像资料等。

一、纸质文件的收集范围和内容

（一）纸质文件的收集范围

与一般建设工程类项目相比，土地整治项目有自己的特点，因此，其档案内容除一般的内容外，还包括一些特定的内容。土地整治项目纸质文件的收集范围从文件形成过程来看，可简单分为项目准备阶段文件、项目实施阶段文件、竣工验收阶段文件及后期管护与评价文件4个类别。

（1）项目准备阶段文件：土地整治项目申报依据、现场踏勘、立项审批、规划设计与预算、招投标等项目准备阶段形成的文件。

（2）项目实施阶段文件：承担单位在工程施工项目管理过程中形

成的文件，监理单位在工程施工监理过程中形成的文件，施工单位在工程施工中形成的文件。

（3）竣工验收阶段文件：在项目检查、竣工验收活动中形成的文件。

（4）后期管护与评价文件：在项目竣工验收交付使用后的后期管护和评价活动中形成的文件。

（二）纸质文件的收集内容

对与土地整治项目有关的重要活动、记载土地整治项目建设主要过程和现状、具有保存价值的各种纸质文件，均应收集齐全，整理立卷后归档。土地整治项目纸质文件收集的具体内容可按以下两种情况进行区分：

（1）省（自治区、直辖市）已出台相关土地整治档案管理办法或标准规范，且土地整治档案管理办法或标准规范中明确界定了各类土地整治项目文件收集范围的，辖区范围内的土地整治项目纸质文件按照省（自治区、直辖市）土地整治机构出台的土地整治档案管理办法或标准规范的要求收集。

（2）省（自治区、直辖市）未出台相关土地整治档案管理办法或标准规范，或已出台的土地整治档案管理办法或标准规范未明确界定各类土地整治项目文件收集范围的，其土地整治机构应以《国家重大建设项目文件归档要求和档案整理规范》（DA/T 28—2002）和《土地整治档案管理指南》为基础，借鉴参考《土地整治项目验收规程》（TD/T 1013—2013）、《土地整治工程质量评定与检验规程》（TD/T 1041—2013）、《土地整治工程施工监理规范》（TD/T 1042—2013）等标准规范的内容，尽快编制符合各省（自治区、直辖市）土地整治实际情况的《土地整治项目文件归档范围和保管期限表》来规范辖区内土地整治项目纸质文件的收集工作，或参考表3-1的内容开展收集工作。

表 3－1　　　土地整治项目文件收集目录（仅供参考）

序号	归档文件	保存单位							
		承担单位	勘测单位	设计单位	代理单位	监理单位	施工单位	审计单位	复核单位
项目准备阶段文件									
一	立项审批文件								
1	项目建议书及申报文件	√							
2	项目批复文件	√							
3	可行性研究报告	√							
4	可行性研究报告专家评审意见	√							
5	入库批准文件	√							
6	报国土资源部备案文件	√							
7	规划设计及预算书	√							
8	项目计划和预算批文	√							
9	资金拨付文件	√							
10	其他文件	√							
二	勘测文件								
1	勘测委托合同	√	√						
2	地形测量成果报告	√	√						
三	设计文件								
1	设计委托合同	√		√					
2	初步设计图纸和说明	√		√					
3	技术设计图纸和说明	√		√					
4	审定设计方案通知书及审查意见	√		√					
5	施工图及其说明	√		√					
6	有关部门对施工图的审批意见	√		√					
7	公众参与意见及相关设计附件	√		√					
8	设计变更文件	√		√					

续表

序号	归档文件	保存单位							
		承担单位	勘测单位	设计单位	代理单位	监理单位	施工单位	审计单位	复核单位
9	设计工作报告	√		√					
四	招投标文件								
1	招标代理合同	√			√				
2	招标公告	√							
3	招标文件	√							
4	投标文件	√			√				
5	评标报告	√							
6	招标标底编制文件	√							
7	中标通知书	√	√	√	√	√	√	√	√

项目实施阶段文件

一	承担管理文件								
1	项目实施方案	√							
2	领导机构成立文件	√							
3	管理制度文件	√							
4	会议纪要	√							
5	项目建设大事记	√							
二	监理文件								
1	工程监理合同	√				√			
2	总监任命书	√				√			
3	监理机构成立文件	√				√			
4	监理规划	√				√			
5	监理实施细则	√				√			
6	监理月报	√				√			
7	监理会议纪要	√				√			

续表

序号	归档文件	保存单位							
		承担单位	勘测单位	设计单位	代理单位	监理单位	施工单位	审计单位	复核单位
8	巡视记录	√				√			
9	旁站记录	√				√			
10	监理日志	√				√			
11	工作联系单	√				√			
12	监理工程师通知单回复	√				√			
13	进度控制文件								
(1)	工程开工/复工审批表	√				√			
(2)	工程暂停令	√				√			
(3)	工程进度延期报审表	√				√			
14	质量控制文件								
(1)	材料/设备/构配件报审表	√				√			
(2)	质量事故报告及处理意见	√				√			
15	造价控制文件								
(1)	工程款支付证书	√				√	√		
(2)	工程款支付申请表	√				√	√		
(3)	设计变更、治商费用签证	√				√	√		
(4)	完工工程量统计表	√				√	√		
(5)	工程竣工决算审核意见书	√				√	√		
16	承包单位资质材料								
(1)	承包、分包单位资质材料	√				√			
(2)	供货单位资质材料	√				√			
(3)	试验等单位资质材料	√				√			
17	监理工程师通知单	√				√			

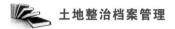

续表

序号	归档文件	保存单位							
		承担单位	勘测单位	设计单位	代理单位	监理单位	施工单位	审计单位	复核单位
18	合同与其他事项管理文件								
(1)	费用索赔报告及审批文件	√				√			
(2)	合同争议及处理意见	√				√			
(3)	合同补充协议	√				√			
19	监理工作总结	√				√			
20	质量评估报告	√				√			
三	施工文件								
1	施工承包合同	√					√		
2	施工技术准备文件								
(1)	施工组织设计文件	√					√		
(2)	技术交底材料	√					√		
(3)	图纸会审记录	√					√		
3	施工日志	√					√		
4	设计变更图及工程量变更表	√					√		
5	工程质量检验与评定表								
(1)	进场原材料、构配件及设备质量检验评定表	√					√		
(2)	混凝土及砂浆质量检验评定表	√					√		
(3)	工序质量检验评定表	√					√		
(4)	单元工程质量检验评定表	√					√		
(5)	分部工程质量评定表	√					√		
(6)	单位工程质量评定表	√					√		
(7)	单项工程质量评定表	√					√		

序号	归档文件	保存单位							
		承担单位	勘测单位	设计单位	代理单位	监理单位	施工单位	审计单位	复核单位
6	设备质量检查、安装记录								
(1)	设备、产品质量合格证及质量保证书	√					√		
(2)	设备试运行记录	√					√		
7	试验检测文件								
(1)	砖、水泥、钢筋、预制构件出厂证明文件	√					√		
(2)	砂、石、砖、水泥、钢筋试验报告	√					√		
(3)	回填土、路床压实试验记录	√					√		
(4)	道路基层、道路面层压实度试验记录	√					√		
(5)	混凝土配合比通知单	√					√		
(6)	混凝土试块强度试验报告	√					√		
(7)	砂浆配合比通知单	√					√		
(8)	砂浆试块强度试验报告	√					√		
8	隐蔽工程验收记录	√					√		
9	施工管理工作总结	√					√		
10	工程验收与施工质量检测资料核查表	√					√		
项目竣工验收阶段文件									
一	竣工图								
1	合同段竣工图	√					√		
2	项目竣工图	√					√		
二	竣工决算报告	√					√		
三	合同段工程验收意见书	√					√		
四	新增耕地前后地类对比表	√					√		
五	新增耕地测算表（复垦、低丘岗地项目）	√					√		

续表

序号	归档文件	保存单位							
		承担单位	勘测单位	设计单位	代理单位	监理单位	施工单位	审计单位	复核单位
六	新增耕地测算报告	√					√		
七	新增耕地地力评定意见书（复垦、低丘岗地项目）	√					√		
八	工程复核报告	√					√		√
九	申请竣工验收的请示	√					√		
十	竣工验收呈报表	√					√		
十一	项目竣工报告	√					√		
十二	设计变更审批文件	√					√		
十三	初步竣工验收报告	√					√		
十四	初步验收整改意见及回复	√					√		
十五	项目竣工验收报告	√					√		
十六	竣工验收整改意见及回复	√					√		
十七	声像、缩微、电子档案								
1	声像档案								
（1）	工程照片	√					√		
（2）	录音、录像材料	√					√		
2	缩微品	√					√		
3	电子档案								
（1）	光盘	√					√		
（2）	磁盘	√					√		
十八	财务文件								
1	交付使用财产总表和财产明细表	√							
2	财务决算报告	√						√	
3	财务审计报告	√						√	

序号	归 档 文 件	保 存 单 位							
		承担单位	勘测单位	设计单位	代理单位	监理单位	施工单位	审计单位	复核单位
项目后期管护与评价阶段文件									
一	后期管护文件	√					√		
1	后期管护方案或协议	√					√		
2	后期管护工作报告	√					√		
二	权属管理资料	√					√		
1	权属调整公告	√					√		
2	权属调整方案	√					√		
3	权属调整协议	√					√		
4	地籍变更登记资料	√					√		
5	权属管理工作总结报告	√					√		

二、声像资料的收集范围和内容

完整、成套并保持各阶段之间有机联系的土地整治声像资料，是真实反映土地整治项目实施情况必不可少的技术资料。为使土地整治项目能做到及时、系统、全面地对图片及声像资料进行收集归档，使项目相关资料更完善，便于查找，达到资料的可追溯性，要求土地整治项目的声像资料拍摄，必须按项目进度以单位工程为主顺序进行跟踪拍摄、整理、编辑制作形成完整的声像档案。

（一）声像文件的收集范围

1. 项目准备阶段

（1）土地整治项目区、建筑物原貌，特别是能反映原建筑物建筑风格、文化特色的内容。

（2）土地整治项目的可行性论证、土地征用、拆迁、地质勘探、勘测设计、方案评审、招投标等重大决策的场景。

（3）土地整治项目实施前期重大活动，如开工典礼、奠基仪式等。

2. 项目实施阶段

根据《土地整治工程质量评定与检验规程》（TD/T 1041—2013）中的"附录 D　土石方工程质量检验评定标准表""附录 E　砌体工程质量检验评定标准表""附录 F　钢筋混凝土工程质量检验评定标准表""附录 G　设备与安装工程质量检验评定标准表""附录 H　其他工程质量检验评定标准表"的内容，以单位工程为对象，对土地整治项目重点部位、重点工作的声像文件进行收集归档。

3. 项目竣工验收阶段

（1）土地整治项目竣工后各单位工程外观和立面状况。

（2）土地整治项目竣工验收及会议情况。

4. 其他

（1）土地整治项目建设期间领导视察等活动的声像资料。

（2）反映土地整治项目建设情况的有关专题片、资料片。

（3）与土地整治项目有关的航拍材料。

（4）有关建设的其他有保留、纪念价值的声像资料。

（二）声像文件的收集内容

土地整治项目声像资料的收集内容可参考表 3-2。

表 3-2　　土地整治项目声像资料收集目录（仅供参考）

声像档案收集阶段	收集内容	数量（照片张数和录像分镜头组）
项目准备阶段	1. 土地整治项目区、建筑物原貌，特别是能反映原建筑物建筑风格、文化特色的内容	根据具体情况、不同角度，不同部位照片 4 张及录像分镜头组

续表

声像档案收集阶段	收集内容	数量（照片张数和录像分镜头组）
项目准备阶段	2. 土地整治项目的可行性论证、土地征用、拆迁、地质勘探、勘测设计、方案评审、招投标等重大决策的场景	根据具体情况不同角度照片若干张及录像分镜头组
	3. 开工典礼、奠基仪式等项目实施前期重大活动的声像资料	不同角度照片 8 张及录像分镜头组，主要发言人要署名
项目实施阶段	1. 效果图、总平面图	不同角度照片 2 张
	2. 土石方工程〔土质田埂（坎）、堤、坝工程，田面平整工程，基坑、基槽挖填工程，洞井挖填工程，路基、非硬化路面工程〕声像资料	各阶段不同部位每次拍摄全景照片（不同角度）4 张、中景和局部特写照片 6 张及录像分镜头组
	3. 砌体工程（浆砌石砌体工程、干砌石砌体工程、砖砌体工程、预制混凝土小型砌块砌体工程）声像资料	各阶段不同部位每次拍摄全景照片（不同角度）4 张、中景和局部特写照片 6 张及录像分镜头组
	4. 钢筋混凝土工程（钢筋加工工程、模板工程、混凝土结构工程、混凝土构建装配工程）声像资料	各阶段不同部位每次拍摄全景照片（不同角度）4 张、中景和局部特写照片 6 张及录像分镜头组
	5. 设备与安装工程（塑料管安装工程、预制混凝土管安装工程、小型金属管道安装工程、加工钢管安装工程、井管安装工程、水泵机组安装工程、金属构建安装工程）声像资料	各阶段不同部位每次拍摄全景照片（不同角度）4 张、中景和局部特写照片 6 张及录像分镜头组
	6. 其他工程（农用管井洗井工程、土工膜铺设工程、土工织物铺设工程、沥青及辅料工程、植物工程）声像资料	各阶段不同部位每次拍摄全景照片（不同角度）4 张、中景和局部特写照片 6 张及录像分镜头组

声像档案收集阶段	收集内容	数量（照片张数和录像分镜头组）
项目竣工验收阶段	1. 土地平整工程（水平格田和水平梯田）声像资料	各田块拍摄全景照片（不同角度）2 张及录像分镜头组
	2. 灌溉与排水工程（塘坝、小型拦河坝、农用井、雨水积蓄池、渠道、喷灌、水闸、渡槽、倒虹吸、农桥、涵洞、跌水、陡坡、量水设施、隧道、泵站）声像资料	渠道、隧道按标段及里程，每个段落全景照片（不同角度）2 张及录像分镜头组、中景和特写照片 8 张及录像分镜头组；其他灌溉与排水工程拍摄全景照片（不同角度）4 张、局部特写照片 6 张及录像分镜头组
	3. 田间道路工程（生产路、田间路）声像资料	按标段及里程，每个段落全景照片（不同角度）2 张及录像分镜头组、中景和特写照片 8 张及录像分镜头组
	4. 农林防护与生态环境保持工程（农田防护林、梯田埝坎防护林、护路护沟林、护岸林、护堤、护岸、谷坊、沟头防护拦沙坝、沙障、防沙林、截流沟、排洪沟）声像资料	农田防护林、梯田埝坎防护林、护路护沟林、沙障、防沙林按标段及里程，每个段落全景照片（不同角度）2 张及录像分镜头组、中景和特写照片 8 张及录像分镜头组；其他农林防护与生态环境保持工程拍摄全景照片（不同角度）4 张、局部特写照片 6 张及录像分镜头组
	5. 工程验收（中间验收、合同段验收、竣工验收）及会议实况	根据具体内容，不同角度照片 8 张及录像分镜头组，主要发言人要署名
其他	1. 土地整治项目建设期间领导视察等活动的声像资料	不同角度照片 8 张及录像分镜头组，主要发言人要署名
	2. 反映土地整治项目建设情况的有关专题片、资料片	根据具体情况进行拍摄
	3. 与土地整治项目有关的航拍材料	根据具体情况进行拍摄
	4. 有关建设的其他有保留、纪念价值的声像材料	根据具体情况进行拍摄

注 土地整治项目声像资料中的照片拍摄数量参考表内规定的数量，录像每个分镜头拍摄时间应为 7s 以上（分镜头由一个连续的画面组成，分镜头组由多个分镜头组成）。

三、电子文件的收集范围和内容

《电子文件归档与管理规范》（GB/T 18894—2002）指出：电子文件的归档范围参照国家关于纸质文件材料归档的有关规定执行，并应包括相应的背景信息和元数据。

土地整治项目建设及其管理等活动中形成的具有重要凭证、依据和参考价值的电子文件和数据等都应属于土地整治项目电子文件的收集范围。计算机系统运行和信息处理等过程中涉及的与土地整治项目建设电子文件处理有关的著录数据、元数据等，必须与土地整治项目电子文件一同收集。

（一）电子文件的收集范围

（1）照片、录音、录像等声像类土地整治项目电子文件收集范围参照《照片档案管理规范》（GB/T 11821—2002）等标准执行。

（2）邮件类土地整治项目电子文件的收集范围参照《公务电子邮件归档与管理规则》（DA/T 32—2005）等标准执行。

（3）网页、社交媒体类土地整治项目电子文件收集范围参照《机关文件材料归档范围和文书档案保管期限规定》（国家档案局令第8号）执行。

（4）文书类土地整治项目电子文件元数据收集范围按照《文书类电子文件元数据方案》（DA/T 46—2009）等标准执行。

（二）电子文件的收集内容

（1）土地整治项目在计算机辅助设计和制造过程中形成的土地权属界线图、地籍图、竣工图纸和遥感类材料等电子文件及其组件应收集齐全。

（2）土地整治电子文件拟制、办理过程中产生的文书、科技、专业等类电子文件元数据应收集齐全。

（3）以公务电子邮件附件形式传输、交换的土地整治电子文件，应下载并收集、归入业务系统或存储于文件夹中。

四、收集时间

（1）土地整治纸质文件应按文件形成的先后顺序或项目完成情况及时收集，可分阶段在单位工程或单项工程完工后进行收集、整理。

（2）土地整治声像文件按项目进度以单位工程为主顺序，与土地整治纸质文件的收集和管理保持一致。

（3）土地整治电子文件及其元数据逻辑归档可实时进行，物理归档应按照土地整治纸质文件的规定定期完成。

第二节　质　量　要　求

土地整治文件是土地整治档案的来源和基础，土地整治档案由土地整治文件转化而来，土地整治文件的质量如何，直接影响和决定土地整治档案的质量，土地整治档案的质量如何，直接决定着土地整治档案的保存价值和利用效果，同时，反映了各参建单位的质量管理水平和质量意识。保证土地整治档案的内在质量，关键在于把好土地整治项目所收集的文件材料来源关，即文件本身的质量关。

一、纸质文件

（1）土地整治归档的纸质文件应为原件，应采用打印形式并使用档案规定用笔，手工签字，在不能使用原件时，应在复印件或抄件上加盖公章并注明原件保存处，正本不得采用复印件。

（2）土地整治纸质文件的内容及其深度必须符合国家有关工程勘测、设计、招标代理、监理、施工和审计等方面的技术规范、标准和规程。

（3）土地整治纸质文件的内容必须真实、准确，与实际工程相符合。不同文件同一内容（如工程名称及相关数据）应一致。

（4）土地整治纸质文件应采用能够长期保存和耐久性强的书写、绘制材料，如碳素墨水、蓝黑墨水，不得使用易褪色的书写材料，如红色墨水、纯蓝墨水、圆珠笔、复写纸、铅笔等。

（5）土地整治纸质文件应字迹清楚、图样清晰、图表整洁、签字盖章手续完备。

（6）土地整治纸质文件中文字材料幅面宜为 A4（297mm×210mm），图纸宜采用国家标准图幅。

（7）土地整治纸质文件的纸张应采用能够长期保存的韧力大、耐久性强的纸张。计算机出图必须清晰，不得使用计算机出图的复印件。

（8）与规划设计图纸完全一致的完工工程项目，可直接在原规划设计图纸上加盖竣工图章，不需另行绘制。

（9）所有竣工图均应加盖竣工图章。

（10）项目竣工图章的基本内容应包括"竣工图"字样、施工单位、编制人、技术负责人、监理单位、总监理工程师、审核日期。

（11）合同段竣工图章如图 3-1 所示。

合同段竣工图			
施工单位			
编 制 人		技术负责人	
监理单位			
总　　监		审核日期	

图 3-1　合同段竣工图章

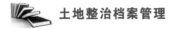 土地整治档案管理

（12）项目竣工图章如图 3-2 所示。

项目竣工图			
编制单位			
编 制 人		技术负责人	
实施单位			
项目负责人		审核日期	

图 3-2　项目竣工图章

（13）竣工图章尺寸为 50mm×80mm。

（14）竣工图章应使用不易褪色的红印泥，应盖在图标栏上方空白处。

（15）不同幅面的工程图纸应按《技术制图　复制图的折叠方法》（GB/T 10609.3—2009）统一折叠成 A4 幅面（297mm×210mm），图标栏露在外面。

二、声像文件

（一）总体要求

收集的土地整治声像档案，要能真实全面地反映土地整治项目工程面貌和建设情况，拍摄内容要覆盖全过程，各环节拍摄的数量均要占一定比例。

（二）照片文件质量要求

（1）照片应当主题明确，画面清晰完整，色彩还原准确，被拍摄主体不能有明显失真变形现象。

（2）照片采用像素在 500 万以上的数码相机拍摄，数码照片大小不得小于 3MB/幅，以 JPEG、TIFF 为通用格式。

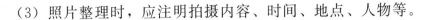

（3）照片整理时，应注明拍摄内容、时间、地点、人物等。

（三）录像文件质量要求

（1）录像文件应当主题明确、图像稳定、画面清晰、色彩真实。

（2）录像可采用数码带或模拟带拍摄。采用数码带拍摄，应使用像素在 200 万以上的数码摄像机录制，以 MPG、AVI、FLV 为通用格式，并刻录 DVD 保存，确保普通 DVD 设备能正常播放。采用模拟带拍摄，可使用 BETACAM 专业摄像机录制，内容应保存在 BETA-CAM 录像带中。

（3）录像文件资料片长一般不少于 30min，并配有相应的文字说明。

（4）专题录像片应当结构完整，片长一般为 5～15min，配音清楚并附有解说词。

（四）录音文件质量要求

（1）录音文件以 WAV、MP3、MP4 为通用格式。

（2）录音文件应当内容完整、声音清楚、材质完好。

（3）每个录音带文件应当配有录音文字整理材料，注明内容、时间、地点、人物。

三、电子文件

（1）同一土地整治项目业务活动形成的电子文件应齐全、完整。

（2）文字型电子文件以 DOC、DOCX、WPS、TXT、XLSX 为通用格式；扫描型电子文件以 JPEG、PDF、TIFF 为通用格式；图件使用通用地理信息系统或位图软件格式存储。

（3）文件的矢量图和正射影像图内容和采用的坐标系统与纸质图件一致，并准确标注编制或影像获取时间、图件名称及编制单位等信息。

（4）文件需做成缩微制品的，必须按照国家缩微标准进行制作。缩微制式需与移交单位协商，制式应方便打开与使用。如有必要，还需提供配套缩微工具或软件。

（5）图像、视频、图形、数据、文本等电子文件（文字文件、表格文件以及各种管理活动中形成的公文、报表和软件说明等纸质文件要转换成电子文件）要明确技术环境、相关软件、版本、数据类型、格式、背景信息和元数据等。

（6）电子媒介（电子光盘）归档时，必须无划痕，无病毒，电子文件信息应与相应的纸质文件内容相同，可读、可拷贝并外有标注，有条件的单位，应将电子档案双份异地存储。

（7）以专有格式存储的电子文件不能转换为通用格式时，应同时收集专用软件、技术资料、操作手册等。

（8）土地整治机构实行双轨制办公模式应确保纸质文件与电子文件内容一致、流程一致。

第三节　质量控制方法

《国家重大建设项目文件归档要求和档案整理规范》（DA/T 28—2002）指出：项目文件的收集、整理、归档和项目档案的移交应与项目的立项准备、建设和竣工验收同步进行，项目档案应完整、准确、系统。

将土地整治档案管理工作纳入土地整治项目建设全过程管理并与项目建设同步进行，是确保土地整治档案材料完整、准确、系统和日后有效提供利用的最有效方法，是发挥其"对历史负责，为现实服务，替未来着想"作用的前提。档案管理的质量控制，必须从加强规范化管理入手，并对整个过程的管理提出全面的、系统的质量控制要求。土地整治项目建设过程中的不同时期或阶段，都会产生大量的原始材料（如合同、协议、施工设计材料与记录、事故处理与质检材料等），随着土地整治项目建设进程的不断深入，文件材料就会越积越多，如果在项目建设的各个阶段，不能及时完成应归档材料的收集整理工作，将对工程档案的完整、准确、系统产生十分不利的影响，只有做到提前介入、实时跟踪、全面搜集，使工程档案归档工作由原来"工程建设期间抓工程，工程结束以后抓档案"的事后控制，转为全程动态控制，将档案管理关口前移，使善后工作变为前置条件，真正做到"事前有计划、事中有检查，事后有验收"，才能确保土地整治项目档案真实完整、齐全准确。

一、事前计划

PDCA 循环又称为质量环，是管理学中的一个通用模型，是全面质量管理的思想基础和方法依据。PDCA 循环的含义是将质量管理分为 4 个阶段，即计划（plan）、执行（do）、检查（check）、处理（action）。它是指在质量管理活动中，首先对各项工作提出问题、作出计划，然后实施计划，再次检查、评估实施效果，最后对满意的结果进行标准化，不满意的结果流转到下一循环去解决的一种工作方法。在质量管理中，PDCA 循环得到了广泛的应用，并取得了很好的效果。其中，PDCA 循环中的首字母"P"是"plan（计划）"的缩写，代表着 PDCA 质量环管理模式的开端就是要制订计划或确定目标，以便于整个质量环管理模式循环推进。土地整治收集的档案材料质量控制方法可借鉴 PDCA 模式，坚持从土地整治档案材料形成的"源头"抓起，做好事前控制计划，明确土地整治档案材料的收集范围和目标，为土地整治项目档案有较高的完整率打好基础。

（1）土地整治项目立项审批通过后，项目承担单位应按照本省

（自治区、直辖市）土地整治档案管理制度要求，结合该土地整治项目实际情况，及时拿出本项目的档案管理方案，档案管理方案中应明确本项目档案材料的收集范围和收集计划。

（2）土地整治项目招投标阶段，项目承担单位与勘测、设计、施工、监理等单位签订合同时，应在相关合同条款中明确土地整治项目档案材料的版本、份数、质量、时间及移交方式，保证所有文件全部收集齐全。同时，承担单位在土地整治项目建设初期就要重视勘测、设计、施工、监理等单位提供文件的质量管理，长期跟踪指导，从源头把关，尽量实行纸质、电子档案双轨制，便于今后土地整治档案的提供利用。例如，某土地整治项目规划设计及预算编制合同中，明确了设计单位所提供的档案材料数量及相关要求：

1）受托人提供的规划设计文件应符合土地整治相关的规范规程和技术标准。

2）合同签订后 30 天，提交规划设计方案 3 份。

3）规划设计方案确定后 14 天，提供规划设计成果评审资料 3 份、电子光盘 3 张。

4）评审通过后 14 天，提供正式规划设计成果 5 套，主要包括规划设计报告文本、预算说明书和工程预算书、工程设计图集（现状图、规划图、施工单体图、横纵断面图）及附件等，电子文件光盘 5 张。

（3）项目承担单位召开第一次工地例会时，要对设计、施工、监理等参建单位进行档案技术交底，档案技术交底的内容主要是土地整治项目建设过程中文件材料的形成、积累、整理和归档要求，承担单位和各参建单位要根据土地整治项目的专业、规模，划分单位工程，对每个单位工程中所包含的分部工程、分项工程、单元工程进行预划分，共同确认本项目档案材料的收集范围，作为档案材料收集整理的依据。通过第一次工地例会中的土地整治项目档案技术交底工作，形成会议纪要，使各参建单位从土地整治项目开工建设时起，就能够明确对土地整治项目档案有哪些要求，必须采取哪些措施才能保证土地整治项目档案材料收集齐全、内容准确、整理规范、按期归档和移交。

二、事中检查

土地整治项目档案材料收集工作中关于质量控制最主要的 3 个指标分别是归档率、准确率及完整率。归档率是前提和基础，缺少了归档率，其他两个指标就会失去依托；完整率是归档率的深化和细化，它直接反映出档案资料的实用价值；准确率是"三率"的核心，没有准确率，土地整治项目档案就失去了其存在的意义，档案的凭证作用不但无法保证，有时甚至会起副作用。为确保土地整治项目档案材料的"三率"达到 100%，必须强化过程管理，掌握各参建单位从立项到审批、设计、施工、验收等各环节的档案材料形成流程，实时掌控各参建单位日常归档情况，使档案材料收集工作化整为零，实现土地整治项目档案材料的收集与建设同步进行，避免因集中收集、整理项目档案材料容易出现的不真实、不系统等问题，为土地整治项目竣工档案的最终验收奠定基础。

（一）档案材料形成流程

1. 承担单位

承担单位档案包括土地整治项目申报文件，项目批复文件，资金拨付文件，招投标及合同签订文件，施工报批文件，质量、进度、资金、安全、环境等文件，竣工验收文件，工程移交与管护文件，重估登记与后评价文件等，应当在文件形成过程中进行控制。

承担单位档案材料形成流程如图 3-3 所示。

土地整治档案管理

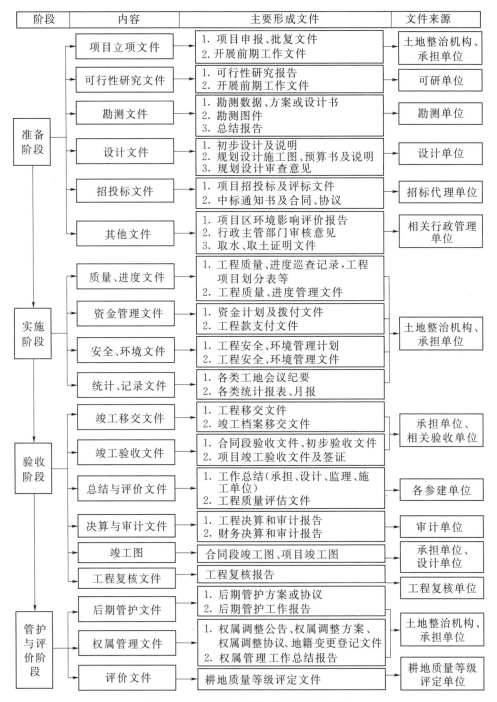

阶段	内容	主要形成文件	文件来源
准备阶段	项目立项文件	1. 项目申报、批复文件 2. 开展前期工作文件	土地整治机构、承担单位
	可行性研究文件	1. 可行性研究报告 2. 开展前期工作文件	可研单位
	勘测文件	1. 勘测数据、方案或设计书 2. 勘测图件 3. 总结报告	勘测单位
	设计文件	1. 初步设计及说明 2. 规划设计施工图、预算书及说明 3. 规划设计审查意见	设计单位
	招投标文件	1. 项目招投标及评标文件 2. 中标通知书及合同、协议	招标代理单位
	其他文件	1. 项目区环境影响评价报告 2. 行政主管部门审核意见 3. 取水、取土证明文件	相关行政管理单位
实施阶段	质量、进度文件	1. 工程质量、进度巡查记录,工程项目划分表等 2. 工程质量、进度管理文件	土地整治机构、承担单位
	资金管理文件	1. 资金计划及拨付文件 2. 工程款支付文件	
	安全、环境文件	1. 工程安全、环境管理计划 2. 工程安全、环境管理文件	
	统计、记录文件	1. 各类工地会议纪要 2. 各类统计报表、月报	
验收阶段	竣工移交文件	1. 工程移交文件 2. 竣工档案移交文件	承担单位、相关验收单位
	竣工验收文件	1. 合同段验收文件、初步验收文件 2. 项目竣工验收文件及签证	
	总结与评价文件	1. 工作总结(承担、设计、监理、施工单位) 2. 工程质量评估文件	各参建单位
	决算与审计文件	1. 工程决算和审计报告 2. 财务决算和审计报告	审计单位
	竣工图	合同段竣工图、项目竣工图	承担单位、设计单位
	工程复核文件	工程复核报告	工程复核单位
管护与评价阶段	后期管护文件	1. 后期管护方案或协议 2. 后期管护工作报告	土地整治机构、承担单位
	权属管理文件	1. 权属调整公告、权属调整方案、权属调整协议、地籍变更登记文件 2. 权属管理工作总结报告	
	评价文件	耕地质量等级评定文件	耕地质量等级评定单位

图 3-3 承担单位档案材料形成流程图

56

2. 设计单位

设计单位档案包括土地整治项目可行性研究文件、项目规划成果（规划设计报告文本、预算及说明）、项目设计成果（现状图、规划图、单体图集、施工图件及附件）、设计变更文件、竣工图、设计总结等。

设计单位档案材料形成流程如图 3-4 所示。

3. 监理单位

监理单位的主要工作任务是"三控制""两管理""一协调"和"一履责"，即进度控制、质量控制、投资控制，合同管理、信息管理，组织协调，安全履责。按照监理工作任务，可将土地整治项目监理档案分为综合管理类、进度控制类、质量控制类、造价控制类、组织协调类、综合记录类和验收总结类等 7 个类别。

监理单位档案材料形成流程如图 3-5 所示。

4. 施工单位

施工单位作为土地整治项目建设活动的直接承建方，其项目建设全过程中形成的所有具有保存价值的档案材料的内容必须齐全、完整，使施工档案材料能够连续、准确、无误地反映整个项目的施工开展情况。施工单位档案包括开工报审文件、工程变更文件、工程质量检验与评定文件、工程款拨付文件、综合记录文件、竣工验收文件、施工总结等。

施工单位档案材料形成流程如图 3-6 所示。

（二）检查内容

承担单位应要求监理单位每月定期组织各参建单位召开土地整治项目档案管理专题会议，对当月土地整治项目档案材料收集工作的检查情况进行通报，针对存在的问题，提出限期整改措施，并形成会议

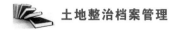

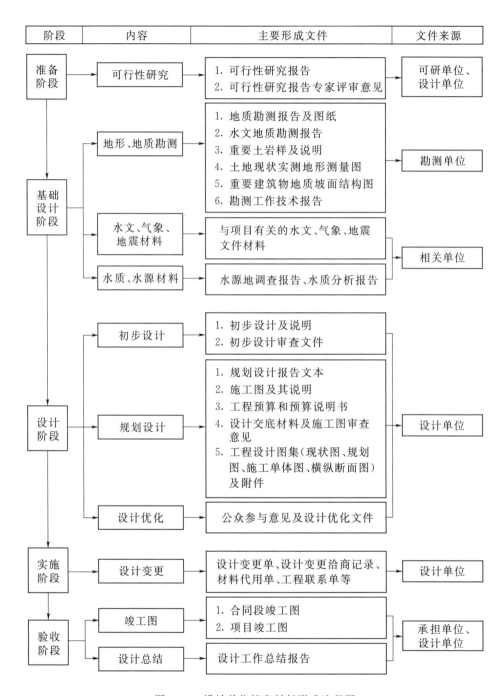

阶段	内容	主要形成文件	文件来源
准备阶段	可行性研究	1. 可行性研究报告 2. 可行性研究报告专家评审意见	可研单位、设计单位
基础设计阶段	地形、地质勘测	1. 地质勘测报告及图纸 2. 水文地质勘测报告 3. 重要土岩样及说明 4. 土地现状实测地形测量图 5. 重要建筑物地质坡面结构图 6. 勘测工作技术报告	勘测单位
	水文、气象、地震材料	与项目有关的水文、气象、地震文件材料	相关单位
	水质、水源材料	水源地调查报告、水质分析报告	
设计阶段	初步设计	1. 初步设计及说明 2. 初步设计审查文件	设计单位
	规划设计	1. 规划设计报告文本 2. 施工图及其说明 3. 工程预算和预算说明书 4. 设计交底材料及施工图审查意见 5. 工程设计图集（现状图、规划图、施工单体图、横纵断面图）及附件	
	设计优化	公众参与意见及设计优化文件	
实施阶段	设计变更	设计变更单、设计变更洽商记录、材料代用单、工程联系单等	设计单位
验收阶段	竣工图	1. 合同段竣工图 2. 项目竣工图	承担单位、设计单位
	设计总结	设计工作总结报告	

图 3-4　设计单位档案材料形成流程图

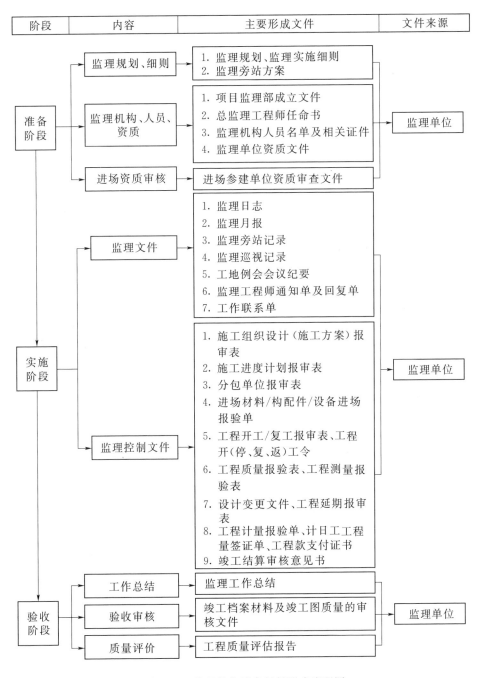

图 3-5　监理单位档案材料形成流程图

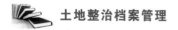

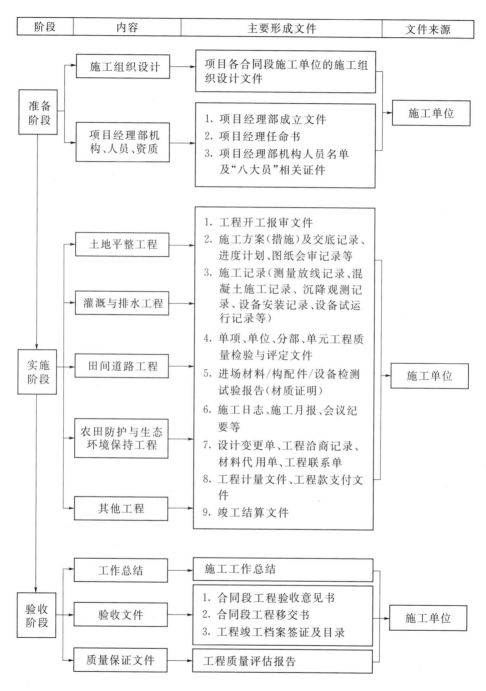

阶段	内容	主要形成文件	文件来源
准备阶段	施工组织设计	项目各合同段施工单位的施工组织设计文件	施工单位
	项目经理部机构、人员、资质	1. 项目经理部成立文件 2. 项目经理任命书 3. 项目经理部机构人员名单及"八大员"相关证件	
实施阶段	土地平整工程 灌溉与排水工程 田间道路工程 农田防护与生态环境保持工程 其他工程	1. 工程开工报审文件 2. 施工方案(措施)及交底记录、进度计划、图纸会审记录等 3. 施工记录(测量放线记录、混凝土施工记录、沉降观测记录、设备安装记录、设备试运行记录等) 4. 单项、单位、分部、单元工程质量检验与评定文件 5. 进场材料/构配件/设备检测试验报告(材质证明) 6. 施工日志、施工月报、会议纪要等 7. 设计变更单、工程洽商记录、材料代用单、工程联系单 8. 工程计量文件、工程款支付文件 9. 竣工结算文件	施工单位
验收阶段	工作总结	施工工作总结	施工单位
	验收文件	1. 合同段工程验收意见书 2. 合同段工程移交书 3. 工程竣工档案签证及目录	
	质量保证文件	工程质量评估报告	

图 3-6 施工单位档案材料形成流程图

纪要，以此使各参建单位能够及时了解和掌握本单位的项目档案管理现状，加强督导，更好地开展本单位的土地整治档案材料收集工作，切实使档案管理贯穿于项目建设的全过程，并与之同步实施。检查各参建单位的档案材料收集情况时，需注意以下事项：

（1）不应有文必收，将不需移交归档的文件也收集。例如，某高标准农田土地整治项目 2 标段的施工单位把当地政府下发的确保春运过节期间安全工作的通知列为向承担单位移交的档案，超出了应该归档收集的范围。

（2）收集范围界线不清，存在该移交归档的却没有收集。例如，某南水北调汉江沿线土地开发整理重大工程项目 8 标段的施工单位把承担单位下发的管理规章制度、文件、会议纪要等列入向承担单位移交归档的档案中，违反了"谁形成谁负责"的原则，而应该收集归档的质量监督检查记录表、问题的整改措施和整改记录闭环的文件等却没有归档。

（3）未按照标准规范的要求开展档案材料收集工作，造成档案材料缺失。例如，某高标准农田土地整治项目在竣工验收时，发现该项目 5 标段施工单位所有进场 U 形槽的报验资料均不齐全，未按照《土地整治工程施工监理规范》（TD/T 1042—2013）中"A1.4　进场材料/构配件/设备进场报验单"的要求上报收集，其 U 形槽的"进场材料/构配件/设备进场报验单"附件仅有厂家质量保证书和进场检查记录，缺少出场合格证和厂家质量检验报告等文件。

三、事后验收

土地整治项目档案材料的管理工作应与项目建设同步进行，项目档案验收作为项目验收的重要组成部分，其重要性应在土地整治项目验收过程中得到体现，《土地整治项目验收规程》（TD/T

1013—2013）规定：土地整治项目验收包括中间验收、合同段验收和竣工验收，其中中间验收包括分部工程验收、单位工程验收和单项工程验收。土地整治项目各类别验收工作中一项重要的工作就是对档案进行验收，未经档案验收或档案验收不合格，可以暂停项目验收。各级土地整治机构和监理单位在项目验收过程中，应负责对项目档案材料进行全面审查，提出整改意见，保证土地整治项目档案的整体质量。

（一）中间验收

中间验收阶段是土地整治项目档案材料的形成、积累阶段，把土地整治项目建设过程中的文件材料真实完整地保留下来是这个时期工作的重点，此阶段属于档案材料的收集范畴。土地整治项目中间验收工作主要由监理单位组织，对档案材料的审查主要是确保项目档案材料与实体基本一致。相关文件包括：一是土地整治项目管理文件，这部分文件主要形成于施工前，主要包括施工组织设计方案、施工单位质量管理制度及体系、图纸会审记录、设计交底材料等，对于这部分文件主要审查针对性、时效性及对施工管理的指导作用；二是土地整治项目保证文件，包括各种原材料、构配件、设备合格证，各类试验检测记录，测量、沉降记录，隐蔽记录等，这些文件与工程建设强制性条文都具有对应性，是确保工程结构主体安全及设备稳定运行的过程管理文件，也是档案材料审核验收的重点；三是土地整治项目质量检验与评定文件，依据土地整治项目单项、单位、分部、单元的划分，重点检查这部分文件数据的真实性，各级质量管理人员及项目负责人验收记录的合规性，与工程项目检验与评定文件的对应性；四是设备接收档案材料，根据设备合同中的设备清单，提前准备好设备随机资料接收目录，实行有依据接收。

（二）合同段验收

在合同段验收阶段，各类土地整治档案材料已经基本齐全，具备了整理归档的条件，这个阶段的工作已经进入档案验收范畴。土地整治项目合同段验收工作主要由项目承担单位组织，在中间验收工作已完成的基础上，对土地整治项目各合同段档案材料进行分类、组卷、整理、著录，对整理质量进行检查，确保各合同段工程质量控制和检测文件完备，利用施工图修改后作为竣工图的，要求在相应的设计变更文件中相应条款旁盖章注明被修改图纸的图号，使所有设计变更文件中的每项内容在文件所指的竣工图上得到反映，并编写"竣工图编制一览表"，详细填写卷内修改施工图的图号、修改内容等，同时收集整理各合同段工程验收意见书、工程移交书和工程质量保修书等文件。

（三）竣工验收

土地整治项目的竣工验收是项目建设全过程的最后一道程序，也是土地整治项目管理的最后一项工作，是全面考核建设效益、检验设计和施工质量的重要环节，此时的土地整治项目档案材料已完成了收集、整理及归档工作，项目信息"上图入库"工作结束，具备了竣工验收条件。土地整治项目竣工验收是在合同段验收移交基础上，由项目批准的土地整治机构组织相关专业人员组成验收组进行验收，重点审查项目竣工报告、设计工作报告、监理工作报告、施工管理工作报告、工程复核报告、项目决算报告、审计报告、耕地质量等级评定报告、权属管理工作报告等竣工验收文件是否齐全、完整，是否符合相关标准、规范的要求。

总之，在土地整治项目档案材料收集过程中，应严格按照"超前介入、同步管理、依法治档、从严要求"的方针，结合档案与合同相结合、过程指导与控制相结合、检查与整改相结合的工作思路，

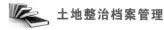

注重日常管理，重视关键环节，灵活运用各种档案质量控制方法，才能使项目档案管理与工程建设同步，杜绝土地整治项目建设完成后，项目档案材料无法收集、迟迟不能归档的现象，为以后土地整治档案管理查询、利用打好基础，保证档案的真实、齐全、完整、准确。

第四章　土地整治档案整理

　　土地整治档案整理是指以方便保管和利用为原则，按照土地整治档案的内容和特征对档案实体进行规范化、条理化、有序化的过程。土地整治档案整理是在档案材料收集工作完成的基础上进行的，通过对档案实体进行分类、组卷、排列、编号、编目等，组成有序的档案整体。土地整治档案实体的分类、组卷、排列是土地整治档案整理工作的核心，土地整治档案规范化、条理化、有序化是通过上述过程实现的；土地整治档案的编号、编目作为分类、组卷、排列的措施，是土地整治档案规范化、条理化、有序化的结果。土地整治档案整理作为土地整治档案管理的一项重要工作，其意义体现在以下 3 个方面：

　　（1）土地整治档案科学管理的前提。根据土地整治档案材料形成的规律和特点，采用"项目类别—年度—保管期限"的方法对档案实体进行整理，将土地整治档案材料组成一个有序的档案整体是土地整治档案科学管理的前提，方便了土地整治档案各方面的利用，同时也确保了土地整治档案的安全保管。

　　（2）土地整治档案收集工作的检验。土地整治档案整理工作促使土地整治项目在实施过程中发现项目档案是否存在缺件、漏件的问题，通过采取缺漏补遗等措施，保证土地整治档案的齐全、完整、准确。

　　（3）土地整治档案利用工作的基础。土地整治档案整理工作通过遵循工程档案的形成规律，在保证档案材料之间联系的基础上，达到土地整治档案保管和利用的需要，土地整治档案整理工作的规范化、条理化、有序化过程，是实现土地整治档案科学、有序、便捷、高效利用的基础。

第一节 分 类

本书以土地整治工程类档案管理为重点，该类别的土地整治档案的分类，就是将土地整治项目实施过程中所形成的档案，通过比较和分析，根据档案材料的来源渠道、形成时间和内容特征，按照一定的规则分门别类，划分为若干类别，形成一个具有内在从属关系和平行关系的不同层次的有机整体。因此，土地整治工程档案分类工作要遵循土地整治工程档案的形成规律，在保证档案之间联系的基础上，达到土地整治档案保管和利用的需要。

一、基本要求

（1）分类应从工程档案的实际状况和方便管理的现实需要出发进行考量。

（2）分类方法及其分类结果应反映土地整治档案的客观状况，维护历史的本来面貌。

（3）分类方法及其分类结果应具有逻辑性，以便于管理和实际操作。

二、分类方式

土地整治档案材料的分类是在比较的基础上，根据档案材料的来源、形成时间、内容、形式等特征，划分为若干类别，把性质相同的集中在一起，相异的区别开来，形成一个具有内在从属关系和平行关系的不同层次的有机整体，使其条理化、秩序化的过程。科学的分类对提高档案质量和档案管理的整体水平，挖掘档案信息资源，有效地提供档案利用，促进行业发展，具有重要的意义。

国土资源部土地整治中心编制的《土地整治档案管理指南》指出：土地整治档案根据其规律和特点，以方便整理归档和利用为原则，采用"项目类别—年度—保管期限"的方法进行分类、整理和排列。

（一）纸质文件分类

土地整治档案材料一般按照文件形成过程进行初步分类，如准备阶段文件、实施阶段文件、竣工验收阶段文件和后期管护与评价文件等4类。准备阶段文件可分为立项申报文件、预算批复文件、可行性研究文件、勘察设计文件、招投标文件等；实施阶段文件可分为承担单位管理文件、监理文件、施工文件等；竣工验收阶段文件可分为竣工验收申请文件、决算文件、审计文件、工程复核文件、竣工图及有关影像文件等；后期管护与评价文件可分为后期管护文件、权属调整文件等。

土地整治项目文件经过初步分类后，将放在一起的同类目的文件对照不同省份出台的《土地整治项目文件归档范围和保管期限表》确定每份文件的保管期限和归属的类目。文件经过分类后，将同项目、同类目、同保管期限的文件放在一起，标记其分类号和保管期限等。同时，将初步分类尚未归类的文件，放在相近的类目和相同期限的文件中，待组卷时，再视文件数量的多少，来确定案卷的归属。

（二）声像、电子档案分类

所有的土地整治声像档案和电子档案必须跟纸质文件一一对应，同时进行分类。

各类土地整治项目应根据国土资源部土地整治中心编制的《土地整治档案管理指南》，正确划分土地整治档案类别，再按照本土地整治项目所属省份出台的《土地整治项目文件归档范围和保管期限表》，掌握土地整治档案分类要求，在充分了解本项目档案内容和形式的基础上，应编制本土地整治项目档案材料分类计划，确保土地整治档案归类正确，档案组织结构合理，逻辑关系有序。

第二节 整 理

土地整治档案材料组卷就是将办理完毕并具有查考、保存价值的若干文件按形成规律和有机联系组成案卷的过程，亦称为立卷。土地整治档案案卷就是由互有联系的若干文件组合而成的档案保管单位，也是档案数量统计和一般检索的基本单位。土地整治档案材料组卷应注意文件材料之间的有机联系，特别是它们之间的历史联系，防止人为地打乱其历史联系，整理出来的案卷要能够反映出历史本来面目。

一、基本要求

（1）土地整治工程文件可按实施程序划分为项目准备阶段文件、实施阶段文件、竣工验收阶段文件、后期管护与评价文件 4 个部分。

（2）准备阶段文件可按实施程序和形成单位等组卷。

（3）实施阶段文件可按监理文件和施工文件等类别组卷。

（4）竣工验收阶段文件可按验收程序分类组卷。

（5）后期管护与评价文件宜按形成单位组卷。

二、组卷、排序

土地整治档案应按卷整理。以卷为保管单位对归档文件进行整理的方式称为按卷整理。对土地整治项目而言，就是将土地整治档案材料分类后，再根据同一事由或同一责任单位形成文件的量来决定分为若干卷。

（一）分卷

（1）招投标文件按每个合同段或每项设备招标书、招标公告（技术公告、商务公告）、中标单位投标书、评标过程文件（评标报告、答疑、澄清、中标通知书）等分若干卷，招投标机构成立文件放在管理机构中立卷。

（2）合同文件按每项合同段承包施工合同或每项设备合同（包括商务合同、技术合同、安全合同、廉政协议及合同谈判会议记录、纪要备忘录等）分卷。

（3）施工文件按专业分类后，再按单位工程、内容分卷，共有以下5个部分：

1）施工管理文件，包括施工组织设计交底文件、专项施工方案技术交底材料、分项技术交底材料、"四新"（新技术、新工艺、新材料、新设备）技术交底材料和设计变更技术交底材料、安全交底材料、开工报告、施工方案、开（停）工令、设计变更文件（图纸会审记录、设计变更单、材料代用单、联系单或洽商单）、强制性条文目录、实施计划、检查记录、质量事故报告、竣工验收报告、质量保修书、总结等。根据内容多少分若干卷。

2）施工验收资料，包括土地整治项目竣工验收报告、合同段工程验收意见书、质量控制汇总资料、单项工程质量检验评定报告、单位工程质量检验评定报告、分部工程质量检验评定报告、单元工程质量检验评定报告、隐蔽工程检查记录（监理签证和报验表）等。内容多的可按单位、分部、单元分成若干卷。

3）施工（测量）记录，包括施工日记、测量放线记录、专业交接记录、隐蔽签证记录、施工记录、设备安装记录等。内容多时可分若干卷。

4）安全和功能检验资料，包括水田及旱地平整度检查记录，生产路及泥结石路面密实度检测记录，混凝土路强度检测报告，机耕桥及节制闸等混凝土构筑物的强度检测报告，排灌沟渠的通水试验记录，预埋涵管及倒虹吸的通球试验记录，泵站或其他建筑物屋面淋水试验记录，建筑物防水效果检查记录，建筑物垂直度、标高、全高测量记录，建筑物外窗气密性、水密性、耐风压检测报告，建筑物沉降观测测量记录，抽水泵等设备试运行记录等。

5）施工保证资料，包括原材料、半成品、成品的出厂质量证明文件（包括产品合格证、质量合格证、检验报告、试验报告、产品生产许可证等）和复检报告，实施强制性产品认证的材料和设备应提供有关证明。其报审表与所报内容放入单位单独组卷，如用于几个单位的，在跟踪台账上注明所用单位，组卷在其中最主要的一个单位中，其他单位案卷可不用复制件重复立卷，但必须在涉及的所有案卷备考表和案卷目录备注栏中注明互见档号。

（4）竣工图按设计单位提供的卷册目录分卷。

（5）设备文件按专业分类后，再按每台设备组卷。如果内容多，还可按每台设备的出厂试验报告、合格证、说明书、维护手册、图纸分成若干卷。

（6）监理文件可按单位工程、分部工程、专业、阶段等组卷。

（7）质量监督文件按阶段、次分卷。

（8）综合管理性文件按成立机构、重要程度、时间等组卷，如果是针对具体项目的管理性文件应放入所针对的项目文件中按阶段或分年度进行整理。

（9）会议纪要、联系单按时间、阶段分卷。

每卷档案可根据卷内档案事件完整性、有机联系等因素选择厚度适宜的档案装具。

（二）卷内文件排列

卷内文件排列顺序要依据卷内的资料构成而定，一般顺序为封面、目录、档案材料部分、备考表、封底。不同文件之间的排列顺序应按文件的编号顺序排列。

（1）施工管理材料按内容分卷，卷内按相互有联系内容的时间先后顺序排列。排列顺序依次为封面、卷内目录、批准页、编制说明、概况、单位工程开工报告、施工技术交底及图纸会审记录、主要施工方案、设计变更及材料代用单、质量问题及处理记录、单位竣工验收签证、照片（报审表要与所报文件组在一卷，报审表在前，所报文件在后）。

（2）质量验收记录按单项、单位、分部、单元依次排列。

（3）施工保证资料：原材料、半成品、成品出厂质量证明文件按品种、日期排列，汇总表在前，每一品种排列顺序依次为跟踪台账、报审表、复试（检）报告、检验报告、试验报告、委托试验单、产品合格证、质量合格证、产品生产许可证、实施强制性产品认证的材料和设备应提供的有关证明。

（4）设计变更单、变更单及变更申请单、材料代用单一般应按单位工程进行整理，同一单位工程的有关变更文件要放在一起，然后再按文件形成的时间（或编号）顺序排列，组成一卷或数卷。

（5）联系单按编号排列。

（6）观测记录按单位、文件日期排列。

（7）工程质量检验与评定资料按文件编号排列。

（8）竣工图按专业、图号排列。

（9）卷内文件一般文字在前，图样在后；译文在前，原文在后；正件在前，附件在后；印件在前，定稿在后。

成册的文件在组卷时应尽可能地保持其原有的形态，不要轻易地拆分，如果每册的数量较少，也可将同一问题或文种的几册放在一起。

三、编目

土地整治档案编目是指按照一定规则进行土地整治档案著录、标引和组织、制作目录的工作，主要是在土地整治档案整理过程中编制卷内文件目录、案卷目录、案卷封面及备考表，以固定整理工作的成果，为档案保管和查阅提供方便，其成果也是检索档案的基本工具，是档案管理中的一项重要内容。

（一）编写页码

土地整治档案卷内文件有书写内容的页面均应编写页号。页号编写位置：单面书写文件在右下角；双面书写文件，正面在右下角，背面在左下角；图样的页号编写在右下角或标题栏外右上方；成套图样或印刷成册文件，不必重新编写页号。各卷之间不连续编页号。

（二）卷内文件目录

土地整治档案卷内文件目录是指登录卷内文件题名和其他特征并固定文件排列次序的表格，排列在卷内文件之前，简称卷内目录。其作用是为了介绍卷内文件材料的内容、成分、制发机关、文件编号、时间、题名等，便于利用者根据所需项目进行查阅、检索。其中，序号、文件标题、页号或页数是必填项，文号、责任者、日期等根据实际情况尽量填写，备注为可选项。卷内文件目录规格为 297mm×210mm，宜采用 70g 以上白色书写纸制作。

（1）全宗号：由当地档案管理部门给定。

（2）目录号：即全宗内案卷所属目录的代码，一般用 3～4 位数字标识，可按不同年度、专题、机构、保管期限、档案种类、载体来设置，各级土地整治机构可根据档案不同情况设定构成要素。

（3）案卷号：即案卷目录内每一案卷的顺序号，用数字标识，各级土地整治机构可根据档案不同情况设定案卷号位数。

（4）序号：即卷内文件的次序号，应用阿拉伯数字从 1 起依次标注卷内文件的顺序。如以卷整理，则一份文件编一个顺序号；如以件整理，则一件文件编一个顺序号。

（5）文号：应填写每份文件上的原编发文字号或图样的图号，或设备、项目代号。几个机关联合发文，只标注主办机关发文字号；原文没有编发文字号的不填写；图纸有图号的填写图号；联系单等记录表有编号的填写编号；简报填写期号。

（6）责任者：应填写文件的形成部门、制发文件的机关及部门或主要责任者，即文件的署名（签章）者。责任者一般应写全称，全称过长的可写通用的简称，但一定要确切。两个及两个以上责任者联合形成的文件，一般应标出所有责任者，但责任者过多的可标出第一个单位名称，其余的责任者可用"等"字省略。

（7）文件标题：应填写文件标题全称。文件标题是卷内文件目录的主要组成部分，一般就是直接抄写文件上的原标题。但有些文件题名不能准确反映所在文件内容，如工程联系单、设计变更单、洽商记录、施工现场质量管理检查记录、隐蔽工程检验记录等，因为一页文件就是一份，份数多，如果卷内文件题名只填表格名称，有的一卷文件就是一个题名，应增加文件所反映的概要内容，如隐蔽工程检验记录应增加"隐蔽工程检验项目或隐蔽工程检验部位"。原文件无标题的，应根据文件内容自拟标题。

（8）日期：应填写文件形成的日期。

（9）页号：以卷整理的，在案卷内文件正面右下角、反面左下角应用阿拉伯数字依次从 1 标注页号，卷内文件目录上应填写每份文件首页上标注的页号，如第一份文件有 30 页，填写"1"，在第二份文件上就填写"31"，最后一份文件填写起止页号，如 75～92，案卷封面、卷内目录、卷内备考表不编写页号；以件整理的，应填写页数，如第一份文件共 10 页，即填"10"，第二份文件共 25 页，即填"25"。竣工图纸折叠后无论何种形式，一律编写在右下角。

（10）备注：填写有必要说明的问题。

土地整治档案卷内文件目录式样可参考表 4－1。

表 4－1　　　　　　　　土地整治档案卷内文件目录

全宗号：　　　　　　　　目录号：　　　　　　　　案卷号：

序号	文号	责任者	文件标题	日期	页号	备注
1						
2						
3						
4						
5						
6						
7						
8						
9						
10						
11						
12						
13						
14						
15						
16						
17						

（三）案卷目录

土地整治档案案卷目录是土地整治档案管理、统计、利用等的基本检索工具，也是土地整治档案立卷单位与档案管理部门归档交接的依据和凭证（可作为移交目录），土地整治档案案卷目录规格为297mm×210mm，宜采用70g以上白色书写纸制作。

（1）全宗号：由当地档案管理部门给定。

（2）目录号：即全宗内案卷所属目录的代码，一般用3～4位数字标识，可按不同年度、专题、机构、保管期限、档案种类、载体来设置，各级土地整治机构可根据档案不同情况设定构成要素。

（3）案卷号：即案卷目录内每一案卷的顺序号，用数字标识，各级土地整治机构可根据档案的不同情况设定案卷号位数。

（4）立卷单位：应填写文件组卷部门或项目负责部门。

（5）案卷标题：应简明、准确揭示卷内文件的内容。主要包括工程项目的名称、子项目的名称等。工程项目的名称应与批准的原立项、设计（包括代号）相符；归档外文资料的题名及主要内容应译成中文。

（6）件数：卷内全部文件总件数，按卷内文件数量填写。

（7）页数：卷内全部文件总页数，按卷内每份文件合计页数填写。

（8）保管期限：项目承担单位应按照本省（自治区、直辖市）所出台的《土地整治项目文件归档范围和保管期限表》的要求，组卷时确定保管期限。

（9）备注：填写有必要说明的问题。

土地整治档案案卷目录式样可参考表4-2。

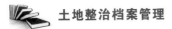

土地整治档案管理

表 4 - 2 　　　　　　　　　　土地整治档案案卷目录

全宗号：　　　　　　　　　　　　　　　　　　　　　　　目录号：

案卷号	立卷处室	案卷标题	件数	页数	保管期限	备注

（四）案卷封面

土地整治档案案卷封面印制在卷盒正表面，案卷封面规格为297mm×210mm，宜采用70g以上白色书写纸制作。案卷脊背信息可用标签机打印。

（1）档号：通常包括全宗号、案卷目录号、案卷号、件号、页号。各级土地整治机构可根据档案不同情况设定构成要素，案卷封面暂用铅笔填写，移交后由接收单位统一正式填写。

（2）档案室号：由档案保管单位填写。

（3）案卷标题：应简明、准确揭示卷内文件的内容。主要包括工程项目的名称、子项目的名称等。工程项目的名称应与批准的原立项、设计（包括代号）相符；归档外文资料的题名及主要内容应译成中文。

（4）立卷单位：应填写文件组卷部门或项目负责部门。

（5）起止日期：填写案卷内文件形成的最早和最晚时间（年度应填写 4 位数字）。

（6）保管期限：项目承担单位应按照本省（自治区、直辖市）所出台的《土地整治项目文件归档范围和保管期限表》的要求，组卷时确定保管期限。

（7）密级：应依据保密规定填写卷内文件的最高密级。

土地整治档案案卷封面式样可参考图 4－1。

档　　号：＿＿＿＿＿＿＿＿＿＿＿＿

档案室号：＿＿＿＿＿＿＿＿＿＿＿＿

案　卷　标　题：

立卷单位：＿＿＿＿＿＿＿＿＿＿

起止日期：＿＿＿＿＿＿＿＿＿＿

保管期限：＿＿＿＿＿＿＿＿＿＿

密　　级：＿＿＿＿＿＿＿＿＿＿

图 4－1　土地整治档案案卷封面

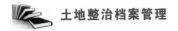

（五）备考表

土地整治档案备考表是对卷内有关事宜、整理人和档案检查人签名确认及日后登记、鉴定、档案交接等情况进行说明的列表。土地整治档案卷内备考表应排列在卷内全部文件之后，或直接印制在卷盒内底面。卷内备考表规格为 297mm×210mm，宜采用 70g 以上白色书写纸制作。

（1）说明：卷内备考表应标明案卷内全部文件总件数、总页数以及在组卷和案卷提供使用过程中需要说明的问题。

（2）整理人：应由立卷整理责任者签名。

（3）立卷日期：应填写完成立卷的时间。

（4）检查人：应由案卷质量审核者签名。

（5）检查日期：应填写案卷质量审核的时间。

（6）互见号：应填写反映同一内容不同载体档案的档号，并注明其载体类型。

土地整治档案备考表式样可参考图 4-2。

盒内文件情况说明：
整理人： 　　　年　　月　　日 检查人： 　　　年　　月　　日

图 4-2　土地整治档案备考表

四、装订

（1）土地整治档案案卷内文件可采用整卷装订或以件为单位装订两种形式，但施工记录文字材料必须按卷装订。装订前要剔除金属物，超出卷盒幅面的文件折叠成 A4 纸规格，破损的文件应修复。图纸可不装订，但同一项目应统一折叠成 A4 纸规格［图纸折叠方法见《技术制图　复制图的折叠方法》（GB/T 10609.3—2009)］，散装在卷盒内存放。

（2）单份文件装订时，应在卷内每份文件首页右上方加盖档号章并填写相应内容。

（3）装订时，正本与定稿作为一件，正本在前，定稿在后；正文与附件作为一件，正文在前，附件在后；原件与复制件作为一件，原件在前，复制件在后；转发文与被转发文作为一件，转发文在前，被转发文在后；来文与复文作为一件，复文在前，来文在后。

（4）装订宜采用不锈钢钉装订或用棉线在左侧三孔装订两种方式，不得采用塑料、硬质封面，要整齐、牢固，便于保管和利用。

（5）外文资料应保持原来的案卷及文件排列顺序、文号及装订形式。

（6）土地整治各参建单位在正式组卷装订前，需提供土地整治项目竣工文件预组卷的式样，由土地整治项目承担单位认可后，再进行正式装订组卷，防止返工，保证竣工档案的案卷质量。

五、装盒

案卷装具一般采用卷盒、卷夹两种形式。

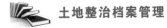

（1）卷盒的外表尺寸为 310mm×220mm，厚度分别为 20mm、30mm、40mm、50mm。

（2）卷夹的外表尺寸为 310mm×220mm，厚度一般为20～30mm。

（3）卷盒、卷夹应使用无酸纸制作。

第三节　竣工图编制与图纸折叠

《国家建委关于编制基本建设工程竣工图的几项暂行规定》（〔82〕建发施字50号）指出：基本建设竣工图是真实地记录各种地下地上建筑物、构筑物等情况的技术文件，是对工程进行交工验收、维护、改建、扩建的依据，是国家的重要技术档案，全国各建设、设计、施工单位和主管部门，都要重视竣工图的编制工作。

竣工图作为土地整治项目验收后真实反映土地整治施工结果的图样，是土地整治项目竣工验收及后期管护、改扩建等的重要依据，一般由土地整治项目承担单位委托设计单位进行编制。

一、竣工图编制

《土地整治项目制图规范》（TD/T 1040—2013）指出：土地整治项目竣工图是以土地整治项目规划图为基础进行绘制的，原规划设计的灌溉与排水工程、田间道路工程、农田防护与生态环境保持工程、输配电工程、其他工程等淡化处理。

（一）基本要求

（1）地貌要素应表示清晰，应反映工程实施后项目区地形、地物、地类、新增耕地地块及地类。

（2）已实施工程设施、改建工程设施、扩建工程设施应加注"新""改""扩"予以区分。

（二）编制依据

（1）设计施工图，包括所附的文字说明，以及有关的通用图集、标准图集或施工图册。

（2）施工图纸会审记录或交底记录。

（3）设计变更通知单，即设计单位提出的变更图纸和变更通知单。

（4）技术联系核定单，即在施工过程中由承担单位和施工单位提出的设计修改、增减项目内容的技术核定文件。

（5）联系单，即现场施工验收记录和调试记录、隐蔽验收记录以及材料代换等签证记录。

（6）质量事故报告及处理记录，即施工单位向上级和承担单位反映质量事故情况的报告，鉴定处理意见、措施和验证书。

（7）建（构）筑物定位测量资料、施工检查测量及竣工测量资料。

（三）编制竣工图

1. 收集和整理各种依据性文件资料

在土地整治项目实施过程中，应及时做好隐蔽检验记录，收集好设计变更文件，以确保竣工图质量。在正式编制竣工图前，应完整地收集和整理好施工图和设计变更文件。设计变更文件是所有原设计施工图变更的图纸、文件、有关资料的总称。其中，由设计单位提供的设计变更文件有设计变更单、补充设计图、修改设计图、技术交底及图纸会审会议记录、各种技术会议记录、其他涉及设计变更的文件资料等；由施工单位提供的设计变更文

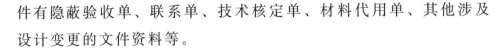

件有隐蔽验收单、联系单、技术核定单、材料代用单、其他涉及设计变更的文件资料等。

2. 分阶段编制竣工图

竣工图是土地整治项目实际的反映。为确保竣工图的编制质量，要做到边建设边编制竣工图，也就是说以单位工程为单位，以每个单位工程中的各分部工程为基础，分阶段地编制竣工图。一般来说，在每个单位工程中，竣工图绘制与工程交工验收的时间差，应不大于一个分部工程的施工进程。在每个单位工程交工后，施工单位应在 1 个月内绘制完毕该单位工程的全部竣工图，并提供给土地整治项目承担单位予以复核、检查。项目承担单位和各级土地整治机构应对施工单位绘制竣工图的情况进行监督、检查，发现问题及时指正，确保竣工图的完整、准确、规范化、标准化。

竣工图编制的基本方法如下：

（1）注记修改法。此法是用一条粗直线将被修改部分划去。因为注记修改基本上不涉及图纸上线条修改的内容，而是用文字、符号加以注释，因此，此法仅适用于原施工图上仅是用文字注释的内容。如施工图的总说明、材料代用的修改等变更。

（2）杠划法。此法是在原施工图上将不需要的线条用粗直线或叉线划去，重新编制竣工图的真实情况。此法是竣工图编制工作中最常用的一种基本方法。其特点是，被划去的内容和重新绘制的内容都一目了然，且编制竣工图的工作量较小，不足的是当变更较大或较多时，图面易乱，表达不清。

（3）刮改法。此法是在原施工底图上刮去需要更改的部分，重新绘制竣工后的真实情况，再复晒竣工蓝图。此法的特点是必须具备施工底图方可进行，对于大型和重要建筑物，考虑到目前蓝图不利于长期保存，最好编制竣工底图，或者利用现代复印设备，先制作施工底图，再利用刮改法制作竣工底图。

（4）贴图更改法。原施工图由于局部范围内文字、数字修改或增加较多、较集中，影响图面清晰，或线条、图形在原图上修改后使图面模糊不清，宜采用贴图更改法，即将需修改的部分，用别的图纸书写绘制好，然后粘贴到被修改的位置上。粘贴时，必须与原图的行列、线条、图形相衔接。在粘贴接缝处要加盖编制人印章。重大修改不宜采用贴图更改法。整张图纸全面都有修改的，也不宜采用贴图更改法，应该重绘竣工图。

（5）重新绘制新图。对于建设过程中发生修改的施工图应重新绘制竣工图，并在说明栏内注明变更依据，图标仍使用施工图图标，但"设计阶段"改为"竣工图阶段"，由设计人（修改人）、校核人和批准人签署。此法的特点是，竣工图清晰准确、系统完整，便于永久保存和利用。

对于土地整治项目实施过程中未发生修改的施工图，由竣工图编制单位在施工图上加盖并签署竣工图章。一般性图纸变更，以及符合杠改或划改要求的变更，可在原图上更改，加盖并签署竣工图章并在说明栏内注明变更依据。涉及结构形式、工艺、平面布置、项目等重大改变以及单项工程量变更超过30％的，应重新绘制竣工图。重新绘制的竣工图按原图编号，末尾加注"竣"字，或在新图图标内注明"竣工阶段"并签署竣工图章。竣工图章应使用红色印泥，盖在图标栏上方空白处。

（四）竣工图审核

竣工图编制完毕后，监理单位应督促和协助设计、施工单位检查其竣工图编制情况，发现不准确或短缺时要及时修改和补齐。承担施工的项目技术负责人还应逐张予以审核签认。采用总包与分包的土地整治项目，应由各施工单位负责编制所承包工程的竣工图，汇总整理工作由总包单位负责。竣工图的审核重点是能否准确反映工程施工实际状况，具体内容如下：

（1）完整性的具体要求。一是竣工图的编制范围、内容、数量应与施工图一致。在没有新增加施工图或没有取消施工图的情况下，必须做到有一张施工图，就有一张相应的竣工图（包括总平面图、位置图、地形图、施工总说明、施工说明、图纸目录、设备明细表等）。新增加的施工图，也应有相应的竣工图；对没有施工图，但实际进行施工且已竣工的工程，必须编制竣工图；被取消的施工图，不应编制竣工图，但必须将取消的依据纳入竣工图编制资料。二是除被变更取消或修改外，施工图中原有的内容在竣工图中必须仍然保存，变更增加和修改后的内容，必须在竣工图中得到反映；施工质量事故处理后的情况，包括文字、数字、图形改变，必须在竣工图上反映。

（2）准确性的具体要求。竣工图必须加盖竣工图标记章，并经有关人员签章。增删、修改必须做到标注清楚，文字、数字准确工整，图形清晰，编制要规范化、标准化。

（3）及时性的具体要求。要及时做好竣工图编制的基础工作，在施工过程中，及时收集和整理资料，注意保管好设计变更文件。变更单位要对出具的设计变更文件统一编号。对变更内容的实际施工日期、修改施工图日期及修改哪几张图等事项应由施工单位及时做好记录。

二、图纸折叠

印制后的竣工图按《技术制图　复制图的折叠方法》（GB/T 10609.3—2009）的规定进行折叠，图纸折叠具体要求如下：

（1）采用"手风琴"式折叠法。

（2）图面朝里，减少对图样的磨损。

（3）尽量避免在重要的图样处有折痕。

（4）不同幅面的图纸，要统一折叠为国际标准 A4 幅面（297mm×210mm）。

（5）采用折角等方式将图纸的标题栏露在右下角。

（6）需要装订的图纸在折叠时要留有装订位置，如果原图没有预留装订位置，要加纸粘贴出装订位置，保证装订线不能压图。

（7）图纸装订时要在装订处加一定数量的充垫纸板，起到装订平整和保护图纸的作用。

第四节　声像及电子档案的整理

反映土地整治项目实施过程的图片、照片、录音、录像等声像文件和电子文件，都是土地整治档案的重要内容。应随时做好这部分文件的收集、整理工作，关键是要及时整理，要将不同种类的声像或电子文件分别立卷。对于图片或照片的整理，每张都应附以简洁明了的文字说明，并使用专用的照片档案装具，照片与底片应分开存放；对于录像等材料的整理，也应对其附以相应的语言或字幕说明；对于存储在电子媒体上的电子文件材料的整理，应按有关规定，将电子文件整理好，同时还应附以与其相配套的纸质文件、软件说明、"电子档案登记表"等材料。

一、照片档案

（一）分类

土地整治项目照片应按项目的单位工程—年度—保管期限—事件进行分类。照片分类方案应保持项目成套性，与文字材料对应。

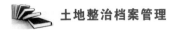

（二）排列

照片排列应按事件时间，结合重要程度进行排列。同时，还应考虑照片保密情况。

（三）编号

照片号为一组字符代码，可由档号、张号等组成。

照片张号是指照片在册内从"1"开始的顺序编号。

（四）入册

将照片以照片号为顺序固定在芯页上，组成照片册。芯页尺寸为297mm×210mm。

（五）说明

说明分单张照片说明和组合照片说明两种。

1. 单张照片说明

（1）说明内容。题名或画面内容应简明概括、准确揭示照片影像所反映的主要信息，包括事由、时间、地点、人物、背景、摄影者等要素。其他需要说明的事项亦可在此栏表述，如照片归属权不属于本单位的，应注明照片版权、来源等。此外，说明内容还应包括照片号、底片号、时间、拍摄者等。

（2）说明的位置。单张照片的说明，可在照片的右侧或左侧或正下方书写。

2. 组合照片说明

相互关联的一组（若干张）照片按顺序排列后，应拟写组合照片总说明。

组合照片总说明应概括揭示该组照片所反映的主要信息内容及其他需要说明的事项。例如，单位照片总说明，应概括揭示该单位开工时间、竣工时间、投资单位、施工单位、主要建（构）筑物等概况以及所含照片的起止张号和数量。组合照片一般不宜越册。

（六）底片的整理

1. 编号

底片号为一组字符代码，可由档号、张号组成。

底片张号是指底片在册内从"1"开始的顺序编号。

2. 底片号的刻写

底片号应横排刻写在胶片乳剂面片边处，以不影响画面为宜。

底片号顺序应与照片号顺序保持一致。

3. 底片袋的标注

底片应放入底片袋内保管，并在底片袋上标明底片号。

4. 底片的入册

按顺序将底片袋插入底片册，并在插袋上标明相应的底片号。

（七）照片、底片编目

1. 照片档案册内目录

照片整理成册后，每一册要编写册内目录，册内目录规格为297mm×210mm，宜采用70g以上白色书写纸制作。

册内目录由序号、照片号、底片号、题名、拍摄时间、备注等组成。册内目录的条目应根据分类原则，按单张照片或组合照片填写，并按照片号排列。

2. 册内备考表

册内备考表规格为297mm×210mm，宜采用70g以上白色书写纸制作。

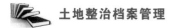

册内备考表项目包括本册情况说明、立册人、检查人、立册时间等。册内备考表应放在册内最后位置。册内备考表格式同文字档案备考表。

照片档案册内目录式样可参考表 4－3。

表 4－3　　　　　　　　　　　照片档案册内目录

序号	照片号/底片号	题名	拍摄时间	备注
1				
2				
3				
4				
5				
6				
7				
8				
9				
10				
11				
12				
13				
14				
15				
16				
17				
18				
19				
20				
21				

二、录音、录像档案

（一）卷内目录的编制

光盘、录像带、录音带应根据录制和拍摄的内容制作卷内目录，将不同时段录制的内容逐段反映到卷内目录中。卷内目录由序号、录制时间、内容、录制者、备注等组成。

录像带、录音带卷内目录式样可参考表 4-4。

表 4-4　　　　　　　　　录像带、录音带卷内目录

序号	录制时间	录制内容	录制者	备注
1				
2				
3				
4				
5				
6				
7				
8				
9				
10				
11				
12				
13				

（二）标签

光盘、录音带、录像带的正面，录像带的脊背，应粘贴标签，标签内容包括承担单位、项目名称、总登记号、档号。光盘、录像带、录音带外盒正面标签尺寸为 7cm×2cm，录像带外盒脊背标签尺寸为 7cm×2.5cm。

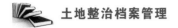

标签式样可参考图 4-3。

总登记号：		档号：
	承担单位	
	项目名称	

图 4-3　标签

三、电子档案

土地整治电子档案应在拟制、办理或收集过程中完成分类、命名、排序、编目等整理活动。土地整治电子档案应以件为管理单位整理电子文件，也可根据实际以卷为管理单位进行整理，整理活动应保持电子文件内在的有机联系，建立电子文件与元数据的关联。

（一）分类

土地整治电子档案分类按照电子档案分类方案执行，可执行的标准或分类方案如下：

（1）文书类电子文件、科技类电子文件的分类整理按《文书类电子文件元数据方案》（DA/T 46—2009）规定执行。

（2）专业、邮件、网页、社交媒体等类电子文件可参照《归档文件整理规则》（DA/T 22—2015）等要求进行分类，有其他专门规定的，从其规定。

（3）声像类电子文件和遥感类电子文件应按照年度—保管期限—业务活动，或保管期限—年度—业务活动等分类方案进行分类。

（二）命名

土地整治电子档案的命名应能保持电子文件及其组件的内在有机联系与排列顺序，能通过计算机文件名元数据建立电子文件与相应元数据的关联，具体要求如下：

（1）应由业务系统按内置命名规则自动、有序地为电子文件及其组件命名。

（2）在单台计算机中经办公、绘图等类应用软件形成的电子文件，应采用完整、准确的电子文件题名。

（3）声像类、遥感类电子文件可采用数字摄录设备自动赋予的计算机文件名。

（三）排序

应在分类方案下按照业务活动、形成时间等关键字，对土地整治电子档案元数据目录数据进行排序，排序结果应能保持电子文件、纸质文件之间的有机联系。

（四）编目

土地整治电子档案与纸质档案进行同步整理审核、编制档号等编目活动，应按照电子档案全程管理要求确定档号编制规则。

（1）应对整理阶段划定的电子档案保管期限与分类结果进行审核和确认，对不合理或不准确的应进行修正。

（2）应在整理审核基础上，对电子档案、纸质档案重新排序，并依据排序结果编制文件级档号。

（3）应采用文件级档号或唯一标识符作为要素为电子档案及其组件重命名，同时更新相应的计算机文件名元数据。

（4）应对土地整治项目电子档案、纸质档案做进一步著录，规范、客观、准确地描述主题内容与形式特征。

（5）完成整理编目后，应将电子档案及其元数据、纸质档案目录数据归入电子档案管理系统正式库，并按照要求分类、有序地存储电子档案及其组件。

电子文件应进行登记，电子文件登记表式样可参考表4-5。

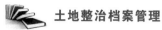

表 4－5　　　　　　　　电 子 文 件 登 记 表

文件特征	形成部门			
	完成日期		载体类型	
	载体编号			
	通讯地址			
	电话		联系人	
设备环境特征	硬件环境（主机、网络服务器型号及制造厂商等）			
	软件环境（型号、版本等）	操作系统		
		数据库系统		
		相关软件（文字处理工具、文字浏览器、压缩或解密软件等）		
文件记录特征	记录结构（物理、逻辑）		记录类型	☐ 定长 ☐ 可变长 ☐ 其他	记录总数		总字节数
	记录字符、图片、音频、视频文件格式			
	文件载体	型号 数量 备份数	☐ 一件一盘　☐ 多件一盘 ☐ 一件多盘　☐ 多件多盘	
文件交接	电话		联系人	
	送交人（签名）		年　　月　　日	
	电话		联系人	
	接收人（签名）		年　　月　　日	

第五章　土地整治档案的移交与保管

在土地整治档案管理中，档案的移交与保管是重要的一环，做好土地整治档案的移交与保管工作十分重要。一个土地整治项目从实施到验收，保有清晰完整的档案是一项必不可少的工作，严格来讲，档案是一个土地整治项目从无到有的依据，是一个土地整治项目实施管理的鉴证。在土地整治档案的管理过程中，必定会有负责管理的人员变动，做好土地整治档案的移交与保管工作，不仅是明确档案人员责任，维护档案安全完整，确保档案管理工作连续不断有序进行的需要，也是《中华人民共和国档案法》赋予土地整治各参建单位和档案管理人员的职责。

第一节　档　案　移　交

一、移交对象

（一）参建单位向承担单位移交

土地整治项目承担单位在招标及与勘测、设计、招标代理、监理、施工和造价咨询等参建单位签订合同时，应对移交的档案套数、费用、质量以及移交时间等提出明确要求。勘测、设计、招标代理、监理、施工和造价咨询等参建单位应将本单位形成的文件立卷后向承担单位移交，移交时应按以下原则进行：

（1）土地整治项目实行总承包的，各分包单位应将本单位形成的文件整理、立卷后及时移交总承包单位，再由总承包单位汇总后负责向项目承担单位移交。

（2）土地整治项目实行分包的，应由各承包单位向承担单位移交，或由承担单位委托一个承包单位汇总后，再向承担单位移交。

（3）土地整治项目实行监理制度的，应由监理单位审查合格后，再由各参建单位向承担单位移交。

（4）审查与移交均应履行签字手续。

结合土地整治项目建设实际，项目相关参建单位应在土地整治项目竣工验收后3个月内，向承担单位移交档案。

（二）承担单位向档案馆移交

土地整治项目所属地有规定要求或项目承担单位有此条件的，可由承担单位在土地整治项目竣工验收后，及时向上级国土资源主管部门档案馆或项目所属地档案馆移交土地整治项目档案。移交的土地整治档案必须完整、准确、真实，不得涂改和伪造。移交档案时，由项目所属地档案馆对报送的土地整治档案进行复查鉴定，不符合要求的，项目所属地档案馆将在5个工作日内书面告知补正内容和要求，由承担单位重新编制后移交，经鉴定合格后办理相关移交手续。

二、移交程序

土地整治档案移交前项目承担单位需对档案进行验收，验收合格后，方可进行档案移交工作。项目承担单位在进行土地整治档案验收时，应重点验收以下内容：

（1）档案齐全、系统、完整。

（2）档案的内容真实、准确地反映工程建设活动和工程实际状况。

（3）档案已整理立卷，立卷符合相关的规定。

（4）竣工图绘制方法、图式及规格等符合专业技术要求，图面整洁，盖有竣工图章。

（5）文件的形成、来源符合实际，要求单位或个人签章的文件，其签章手续完备。

（6）文件材质、幅面、书写、绘图、用墨、托裱等符合要求。

土地整治档案移交前应编制档案移交证明和移交目录，承担单位、监理单位、施工单位三方责任人应在竣工档案移交证明上签署意见，并签字盖章后方可交接。一式 2 份，一份交移交单位，一份由接收单位保存。

（一）档案移交证明

土地整治档案移交证明由移交单位进行填写，移交单位、接收单位、监证单位三方签字盖章后方予以认可。土地整治档案移交证明式样可参考图 5-1。

档案移交证明

项目名称：＿＿＿＿＿＿＿＿＿＿

档案名称：＿＿＿＿＿＿＿＿＿＿

移交数量：文字材料＿＿＿＿＿卷

图　　纸＿＿＿＿＿张

照片（底片）＿＿＿＿张

光　　盘＿＿＿＿＿张

移交单位：＿＿＿＿＿＿＿（盖章）

接收单位：＿＿＿＿＿＿＿（盖章）

监证单位：＿＿＿＿＿＿＿（盖章）

移交日期：＿＿＿＿＿＿＿＿＿

附档案移交目录：＿＿＿＿＿＿页

图 5-1 土地整治档案移交证明

（二）档案移交目录

土地整治档案移交目录由移交单位进行填写，移交单位和接收单位双方签字盖章后方予以认可。土地整治档案移交目录式样可参考表5-1。

表 5-1 土地整治档案移交目录

序号	案卷题名	编制单位	文字文件		图纸文件		其他		备注
			册	张	册	张			
1									
2									
3									
4									
5									
6									
7									
8									
9									
10									
11									
12									
13									
14									
15									
16									
17									
18									

三、电子档案移交

土地整治电子档案及其元数据移交工作应按照《电子档案移交与接收办法》的要求执行，主要为组织和迁移转换电子档案数据、检验电子档案数据、移交电子档案数据等工作。档案移交单位在进行土地整治电子档案移交之前，应当对电子档案数据的准确性、完整性、可用性和安全性进行检验，合格后方可移交至档案保管单位进行集中保管。

（一）基本要求

（1）元数据应当与电子档案一起移交，一般采用基于 XML 的封装方式组织档案数据。

（2）电子档案的文件格式按照国家有关规定执行。

（3）电子档案有相应纸质、缩微制品等载体的，应当在元数据中著录相关信息。

（4）采用技术手段加密的电子档案应当解密后移交，压缩的电子档案应当解压缩后移交；特殊格式的电子档案应当与其读取平台一起移交。

（二）移交方式

土地整治电子档案的移交可采用在线或离线两种方式进行。

（1）在线移交电子档案的单位应当通过与管理要求相适应的网络传输电子档案，在已联网的情况下，电子档案的移交和接收工作可在网络上进行，但仍需履行相应的手续。电子档案传输的数据应当包含符合要求的电子档案及其元数据，数据结构一般为一张或多张光盘载体内电子档案的存储结构组合，单张光盘的数据量小于光盘的实际容量。

（2）离线移交电子档案应当满足下列基本要求：

1) 移交单位采用光盘移交电子档案，光盘应当符合归档要求。

2) 移交单位向同级国家综合档案馆移交一套光盘，光盘应当单个装盒。

3) 移交单位应当按照有关要求进行光盘数据刻录及检测。

4) 存储电子档案的载体和载体盒上应当分别标注反映其内容的标签。

5) 移交载体内电子档案的存储结构应符合相关规定要求。

（三）交接检验

移交单位、档案保管部门在移交、接收土地整治电子档案前，均应对归档的每套载体及其技术环境进行检验，合格率达到100％时方可进行交接。交接检验的内容如下：

（1）交接工作名称：按移交单位或全宗号，移交档案的年度、批次等内容描述本次交接工作。

（2）内容描述：交接档案内容、类别、数据类型、格式、交接方式、过程等说明事项。

（3）移交电子档案数量：交接档案的文件总数和案卷总数。

（4）移交数据量：一般以GB为单位，精确到小数点后3位。

（5）载体起止顺序号：在线移交时，按载体内电子档案的存储结构组织数据，并标注其顺序号。

（6）移交载体类型、规格：在线移交时，填写"在线"。

（7）准确性检验：检验移交档案的内容、范围的正确性及交接前后数据的一致性，可填写检验方法。

（8）完整性检验：检验移交的实物档案和档案电子数据的完整性。

（9）可用性检验：检验电子档案的可读性等。

（10）安全性检验：对计算机病毒等进行检测。

（11）载体外观检验：检查载体标识、有无划痕、是否清洁等。

检验结果分别由移交单位、接收单位填入"电子档案移交、接收检验登记表"的相应栏目。档案保管部门应按照要求对土地整治电子档案逐一验收，对检验不合格者，应退回移交单位重新制作后，再次对其进行检验。土地整治电子档案移交、接收检验登记表式样可参考表5-2。

表5-2　　　土地整治电子档案移交、接收检验登记表

检验项目	单位名称	
	移交单位	接收单位
载体外观检验		
病毒检验		
真实性检验		
完整性检验		
有效性检验		
技术方法、相关软件说明资料检验		
填表人（签名）	年　月　日	年　月　日
审核人（签名）	年　月　日	年　月　日
单位（印章）	年　月　日	年　月　日

（四）移交程序

档案保管部门验收合格后，完成"电子档案移交、接收检验登记表"的填写、签字、盖章环节。将相应的电子文件机读目录、相关软件、其他说明等一同归档，并附"归档电子文件登记表"，登记表一式2份，一份交移交单位，一份由档案保管部门自存。

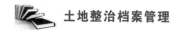

第二节 档 案 保 管

　　土地整治档案保管是档案保管单位对档案进行的系统存放和安全保护工作，其基本任务和要求是维护档案的完整与安全，便于利用。各级土地整治机构应设立档案室，原则上要指定一名在编专职档案管理员，做好土地整治档案资料的接收、检查、登记、保管、统计、利用、鉴定销毁以及档案实体安全、信息安全等管理工作。

一、档案保管任务与目标

（一）档案保管任务

　　（1）防止档案的损坏。要了解和掌握土地整治档案损坏的原因和规律，通过经常性的具体工作，采取专门的有的放矢的技术措施和方法，最大限度地消除各种可能损坏档案的不利因素，从而把土地整治档案的自然损坏率降低和控制在最小范围内。

　　（2）维护档案的安全。一方面是指土地整治档案作为一种物质存在的形态必须最大限度地使其安全存在下去；另一方面是指土地整治档案作为一种社会现象，不致因为保管的不当或条件的低劣使档案丢失而发生泄密，造成保密需求上的不安全。

　　（3）延长档案的寿命。档案保管工作不仅仅在于只是一味地防止土地整治档案的自然损坏，而且还要从根本上采取更积极的措施，满足不同载体档案材料的特殊保管要求，尽可能最大限度地延长土地整治档案的寿命，或者说，尽可能延长土地整治档案被自然损坏的时间。

　　（4）便于档案的利用。土地整治档案专（兼）职管理人员必须熟悉本单位土地整治项目情况和所藏档案情况，以及案卷目录、全引目录、专题目录等检索工具和必要的参考资料，建立档案目录，方便档案查阅、整理、保护和利用。

（二）档案保管目标

（1）账物相符、存放有序。

（2）以防为主、防治结合。

（3）突出重点、兼顾一般。

（4）立足长远、保证当前。

二、档案保管条件

（一）档案库房

土地整治档案库房应遵循安全、适用、经济、美观的原则，其中安全是最基本、最重要的原则。土地整治档案库房作为保存档案的重地，非档案管理人员未经许可不得入内，档案库房应专用，不能存放其他物品。

库房净高不应低于 $2.40m$，局部净高不低于 $2.20m$；屋顶应达到保温隔热要求，应做保温门、双层窗，有密封措施；每开间的窗洞面积与外墙比例不大于 $1:10$；母片库不宜设窗，若有外窗，应有遮光设施；档案库楼面均布活荷载应为 $500kg/m^2$；使用密集架应不少于 $1200kg/m^2$；库房门应坚固、严密、耐火、防潮、隔热。

（二）库房设备

（1）温湿度记录仪。

（2）防火防盗监控装置、灭火装置。

（3）温湿度自动控制系统设备。

（4）其他满足档案保管需要的设备。

（三）档案装具

（1）密集架。

（2）档案柜。

（3）档案箱。

（4）防磁柜。

（5）底图柜。

（6）密封盒。

三、档案实体保管

（一）入库前处理

（1）纸质档案入库前应去污、消毒、去酸。

（2）对一些不利于档案保管的纸制材料和字迹，应以复印或加膜等方式保护。

（3）对一些不利于档案保护的包装物应去除。

（4）对受污染的照片、底片应进行必要的技术处理，防止受污染的照片、底片入库。接触底片的人员应戴洁净的棉质薄手套，轻拿底片的边缘。

（二）档案存放和排架

1. 档案柜、架排列及编号

（1）档案柜、架应排列一致，横竖成行。如有大小式样不同的架（柜）子，则应适当分类，尽可能做到整齐一致。

（2）有窗库房的档案柜、架的排列，应与窗子垂直，以避免强烈光线直射；无窗库房的档案柜、架的排列，纵横均可，但应注意不要有碍通风。

（3）档案柜、架排列应最大限度地利用库房的地面与空间，并要便于档案的搬运和取放，不宜太松或太紧。

（4）库房内档案柜、架应自门口起从左至右编号，每组（栏）的格从上至下编号。

2. 档案实体存放和排架

（1）存放。

1）底片、照片册、案卷立放在密集架和档案箱中。

2）底图平放在金属底图柜中，不应折叠。

3）磁带、录音带、光盘、录像带等磁性材料应存放在防磁柜中。

4）缩微胶片应存放于密封盒或专用柜中。

5）磁带、录音带、光盘、录像带等电子文件的保管还应符合下列条件：

a. 归档载体应做防写处理。避免擦、划、触摸记录涂层。

b. 单片（个）载体应装盒，竖立存放，且避免挤压。

c. 存放时应远离强磁场、强热源，并与有害气体隔离。

d. 备份。对数字图像文件的存储制度是"多种载体备份，同一种载体多份复制，利用与存储分别制作和保管"。多种载体备份，就是用光盘、外置硬盘、磁盘阵列等不同载体复制保存同样的数字图像。同一种载体多份复制，就是利用不同品牌的光盘、硬盘等复制同样内容的图像 3 套以上，使用的和存储的图像文件分别刻录和保存，有条件的还要做异地备份，以确保图像信息的安全。

e. 定期检查。不管是光盘还是外置硬盘，都要有良好的保管条件。档案保管单位对光盘、外置硬盘、磁盘阵列等都要有专用的机房或库房存放，而且对温湿度进行控制，达到温湿度稳定、防紫外光、防磁、防震动的要求，并对保管环境进行实时监控，发现问题及时处理。定期采用随机调查的方法，对图像保存的质量进行抽查，对载体上的数据进行检查。同时，每隔 5 年对光盘和硬盘上的数据进行一次复制。当设备或软件升级时，及时对硬盘数据进行迁移。

（2）排架。

1）档案实体排架的原则和要求。

a. 便于管理。便于档案的快速存取，便于档案管理人员熟悉所保管的档案。

b. 相对稳定。档案按一定规则排列后，不要随意变动，以减少档案的磨损和查档困难。

c. 要有益于档案的保密和保护。

2）档案实体排架方法。可视不同情况分别采取分类排架和分类、流水综合排架。

a. 分类排架即按照档案形成的不同时期、档案的不同类型和立档单位的不同组织系统等，将档案划分为若干类别进行排架。

b. 分类、流水综合排架即先将档案分为若干类别，在每一类别内再按进馆时间顺序排架。

无论采用何种方法，属于一个土地整治项目的档案均应集中排放，不应分散和混杂。在密集架、档案柜边的栏框中插入案卷存放位置索引卡。

3）磁带、录音带、光盘、录像带电子文件的摆放还应符合下列条件：

a. 归档载体应做防写处理，避免擦、划、触摸记录涂层。

b. 单片（个）载体应装盒，竖立存放，且避免挤压。

c. 存放时应远离强磁场、强热源，并与有害气体隔离。

四、电子档案保管

（一）电子档案的存储

土地整治电子档案及其元数据的安全存储应配置与电子档案管理

系统相适应的在线存储设备。电子档案管理系统应依据档号等标识符构成要素在计算机存储器中逐级建立文件夹，分门别类、集中有序地存储电子档案及其组件，并在元数据中自动记录电子档案在线存储路径。在线存储系统应实施容错技术方案，定期扫描、诊断硬磁盘，发现问题应及时处置。

（二）电子档案的备份

应根据土地整治电子档案管理和信息化建设实际，在确保电子档案真实、完整、可用和安全的基础上，统筹制定电子档案备份方案和策略，实施电子档案及其元数据、电子档案管理系统及其配置数据、日志数据等备份管理。电子档案离线备份的基本要求如下：

（1）应采用一次写光盘、磁带、硬磁盘等离线存储介质，参照《电子文件归档与电子档案管理规范》（GB/T 18894—2016）等标准实施电子档案及其元数据、电子档案管理系统及其配置数据、日志数据等的离线备份。

（2）电子档案离线存储介质至少应制作一套。可根据异地备份、电子档案珍贵程度和日常应用需要等实际情况，制作第二套、第三套离线存储介质，并在装具上标识套别。

（3）应对离线存储介质进行规范管理，按规则编制离线存储介质编号，按规范结构存储备份对象和相应的说明文件，标识离线存储介质。禁止在光盘表面粘贴标签。

（4）离线存储介质的保管除参照纸质档案保管要求外，还应符合下列条件：

1）应做防写处理，避免擦、划、触摸记录涂层。

2）应装盒，竖立存放或平放，避免挤压。

3）应远离强磁场、强热源，并与有害气体隔离。

4）保管环境温度选定范围：光盘 17～20℃，磁性载体 16～27℃；相对湿度选定范围：光盘 20%～50%，磁性载体 40%～60%。

5）应定期对磁性载体进行抽样检测，抽样率不低于 10%。抽样检测过程中如果发现永久性误差时应扩大抽检范围或进行 100% 的检测，并立即对发生永久性误差的磁性存储介质进行复制或更新。

6）对光盘进行定期检测，检测结果超过三级预警线时应立即实施更新。

7）离线存储介质所采用的技术即将淘汰时，应立即将其中存储的电子档案及其元数据等转换至新型且性能可靠的离线存储介质之中。

五、档案库房管理

（一）管理制度

（1）档案库房是保存档案的重地，非档案管理人员未经许可不得入内。

（2）档案管理人员为库房安全具体负责人，负责库房内一切安全工作。

（3）库房钥匙由档案管理员负责保管，不得转借他人。

（4）库房要保持清洁整齐，应定期打扫卫生，注意空气流通。

（5）库房内要严格遵守"八防"原则（防火、防潮、防尘、防虫、防鼠、防盗、防高温、防强光），库房内的温度应控制在 14～24℃，相对湿度应控制在 45%～60%。

（6）库房内禁止存放非档案用品及个人物品；严禁任何人在库房内吸烟和携带易燃、易爆物品进入库房；库房内不准使用任何电器设备；库房内须配备灭火器材，固定摆放位置，并进行定期检测、更换。

（7）库房内不准办公、开会、会客和住宿，库房管理人员离开库房必须锁柜、闭灯、锁门。

（8）库房安全负责人要经常检查库房的安全，发现不安全因素时应及时排除；若个人无法排除，应及时向领导汇报予以解决。

（二）定期检查

定期检查库房设备运转情况，及时排查隐患。定期清理核对档案，做到账物相符。档案发生变化时应记录说明，保证档案安全无损。重要档案应考虑异地备份保存。

出现以下但不限于以下情况时，应实施电子档案及其元数据的转换或迁移：

（1）电子档案当前格式将被淘汰或失去技术支持时，应实施电子档案及其元数据的格式转换。

（2）因技术更新、介质检测不合格等原因需更换离线存储介质时，应实施电子档案及其元数据离线存储介质的转换。

（3）支撑电子档案管理系统运行的操作系统、数据库管理系统、台式计算机、服务器、磁盘阵列等主要系统硬件、基础软件等设备升级、更新时，应实施电子档案管理系统、电子档案及其元数据的迁移。

（4）电子档案管理系统更新时，应实施电子档案及其元数据的迁移。

土地整治电子档案及其元数据库的转换、迁移活动应记录于电子档案管理过程元数据中，并填写电子档案格式转换与迁移登记表。

土地整治电子档案格式转换与迁移登记表式样可参考表 5 - 3。

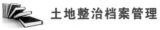

表 5 – 3　　　　土地整治电子档案格式转换与迁移登记表

源系统设备情况	硬件系统： 系统软件： 应用软件： 存储载体：
目标系统设备情况	硬件系统： 系统软件： 应用软件： 存储载体：
被转换与迁移归档 电子文件情况	记录数： 字节数： 迁移时间： 操作者：

填表人（签名）　　　　　　　　　　　　　年　　月　　日

审核人（签名）　　　　　　　　　　　　　年　　月　　日．

单　位（盖章）

第六章 土地整治档案利用

土地整治档案作为各级土地整治机构促进和保障土地整治事业健康发展的重要工具，随着时代的发展和社会进步，正在动态地调整其自身的结构，不断地丰富其内涵。在结构和内容上，从原本仅有综合文书档案的基础上，逐渐成为全面覆盖土地整治管理工作各个层面的档案体系。在载体运用和信息传递方式上，正在由单一手工整理方式与笔写盒装形式向着数字化、信息化和网络化发展，不断与国际上广泛运用的档案管理手段接轨。面对新时期土地整治档案利用工作的需求，运用规范化、社会化和产业化的方式，为政务工作和社会各界的使用提供翔实可靠的信息，就显得尤为重要。

第一节 档案利用工作意义与作用

一、档案利用工作意义

土地整治档案的利用是指土地整治档案利用者查找并利用档案信息，满足其需求的行为过程，也是土地整治档案信息资源价值得以实现的过程。土地整治档案工作的根本目的就是开发档案信息资源，采用多种手段便于利用服务，档案利用工作是达到这一目的的直接途径，在整个土地整治档案管理工作中占有极为重要的地位，各级土地整治机构及档案管理人员应加强土地整治档案利用工作，发挥土地整治档案作用，促进和保障土地整治事业的健康发展。

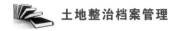

二、档案利用工作作用

（一）有效利用土地整治档案可以"历史地告诉未来"

土地整治档案涵盖了土地整治管理工作的方方面面，包括土地整治工作的政策、法规、典型经验、工作成就，编制机构的历史沿革等资料。从某种意义上讲，土地整治档案是土地整治管理工作的"史志"。随着土地整治事业的进一步发展，土地整治工作将面临着许多新的热点和难点问题，社会及各参与方期待着符合新时期、新形势、新情况的新政策及新法规出台。而土地整治档案则翔实地记录了"昨日"的历史，它的内容正是当今创新工作思路和工作方式的借鉴和依据。

（二）有效利用土地整治档案发挥"数据库"功能

土地整治档案工作的立卷之本是忠实于客观现实，在立卷归档理念上，要求在编制案卷标题时不加浮华修饰之词，作者名称、涉及事项和使用文体这三要素应准确不赘述，真实反映档案的内容。在土地整治案卷质量上要求分类准确，按时间顺序编排，内容连续，符合逻辑。从土地整治档案构成看，它记录了各项土地整治工作进程，覆盖了所有的土地整治项目，是土地整治事业极为珍贵的资料来源；从检索工具看，各类专业档案均要求建立案卷索引、存放索引，尤其是目前运用了现代化科学技术，建立了档案信息系统，更为人们查找利用土地整治档案提供了便利条件。可以说，土地整治档案是土地整治工作难得的"数据库"。

（三）有效利用土地整治档案促进土地整治事业可持续发展

土地整治档案与信息是一个有机结合的整体。其内容和载体本身富含知识的高新科技成分，可当之无愧地充当第一生产力的角色，在知识经济时代，尤其应该这样认识和定位档案信息工作。因此，加强土地整治档案工作，与时俱进地革新档案管理手段，努力提高土地整治档案的信息化、网络化和社会利用水平，就是大力发展生产力的一个重要方面。我们应该以创新的思维方式认识该项工作，摒弃原先那种认为档案是纯消耗、可有可无的偏见，大力发展土地整治档案事业，提高土地整治档案利用工作的质量和水平。

第二节　档案利用工作原则与基本内容

一、档案利用工作原则

（一）服务原则

土地整治档案服务于社会各界是它的根本目的和总的指导思想，土地整治档案利用就是最大限度地满足社会各界的土地整治档案信息需求，服务原则最主要的是明确服务方向、坚定服务思想。服务是土地整治档案利用的基本原则。

（二）开放原则

土地整治档案利用工作应提供档案信息，实现共享，这是《中华人民共和国档案法》赋予档案管理部门的职责，开放是土地整治档案利用的主要原则。

（三）法制原则

土地整治档案具有一定的机密性，不是任何人对任何档案都可以随意利用。《中华人民共和国档案法》及相关土地整治法律、法规，对开放时间、内容控制范围、服务对象、内外有别等，都有规定。

（四）效益原则

衡量土地整治档案利用工作的重要标准就是效益原则。土地整治档案利用工作与效益的统一：社会效益与经济效益、无形效益与有形效益、潜在效益与现实效益的统一，以取得最佳的综合效益为目标，土地整治档案利用工作只是实现效益的手段和途径。

二、档案利用基本内容

土地整治档案是各级土地整治机构直接掌管的重要资源，它是一种信息资源，是一种知识资源，是一种文化资源。要科学合理地开发土地整治档案信息资源。各级土地整治机构的档案部门必须坚持科学的理念和原则，切实做好土地整治档案信息的开发和利用工作。

（一）纸质档案利用

1. 利用特点

土地整治纸质档案是以纸张作为载体的一种档案，如保存备查的工程资料、图纸、信函、证书、日记、笔记的原本和原稿，土地整治纸质档案利用的特点如下：

（1）社会性。纸质档案利用的社会性体现在其具有广泛的社会作用和社会价值。土地整治档案的社会作用在于实现信息资源社会共享和促进社会进步，服务于人民群众。土地整治档案的社会价值在于档案资源的借鉴作用。

（2）层次性。纸质档案利用的层次性是指从利用土地整治档案信息的形式来看，档案利用者因个体的差异，在对档案信息内容的需求方面存在着差异，表现为为解决某些具体问题或某一方面问题，而对档案信息进行一次或多次的利用。

（3）多样性。档案利用者需求可以划分为多个种类，根据需求与客观要求是否一致，可以分为实际需求和非实际需求；根据档案利用者的不同类型，可以分为管理者需求、技术人员需求和公民个人需求。

（4）动态性。档案利用者对档案的需求随着时间、地点和条件的变化而有所变化。档案利用者对档案的满足方式和水平，随着土地整治工程不同的阶段而发生着变化，具有一定的动态性。

（5）重复性。纸质档案利用的重复性是指档案利用者对档案的需求往往不只一次，只要具备一定条件，对档案的利用就会重复出现。

2. 利用内容

土地整治纸质档案具有相对的稳定性，纸质档案的文字有个人字迹特征，有书写墨迹的新旧之别，不易更改和伪造，通过提供档案原件，提供档案副本或复制品，提供档案信息满足有关档案利用者的利用需要，利用的主要内容如下：

（1）设立档案阅览室，提供档案的阅览、外借、展览与陈列服务。

（2）制发档案复本。

（3）制发档案证明。

（4）档案目录信息服务。

（5）档案咨询。

（6）通过编印档案目录、索引、文摘、简介等进行档案信息的报道或交流。

（7）根据土地整治项目建设需要编写档案参考资料。

（二）声像档案利用

1. 利用特点

土地整治声像档案相对于纸质载体档案而言，有着自身的特性，土地整治声像档案利用的特点如下：

（1）直观的形象性。声像档案记录的是土地整治项目各阶段会议、检查、踏勘、施工、验收等工作的声音和图像，因此反映的客观事物直观形象，活灵活现，给人以强烈的时空感和真实客观的感受，这是纸质载体档案所不能解决和替代的，可以说声像档案进一步凸显了档案的原始记录性。

（2）收集、保管的特殊性。声像档案难以区别档案的原件与复制件。如一盘重要的录音磁带，原带与复制转录带仅从外观及效果上很难区别，这给声像档案的收集和保管工作带来了一定的难度。

（3）声像档案的价值性。声像档案的产生和存在并不是孤立的，它与纸质载体的档案往往有着密切的联系，它们是相互依存、相互补充的，是对历史的相互印证。如重要的会议、重要的活动或重要的工程等，要产生文字记录、工程图纸等，同时还产生了照片、录音磁带、录像磁带等，它们以不同形式记录历史，相互印证。

2. 利用内容

（1）视听服务。声像档案与普通纸质档案相比，具有客观真实、声形逼真的特点，所以土地整治各管理部门可根据单位的具体情况建立规模不同的视听室，以此达到利用者利用声像档案的目的。

（2）外借服务。声像档案一般限定在档案部门指定的场所利用，不得借出档案部门，但在某些特定情况下，如上级领导需要，或要印证某一客观事实，或为法院公诉提供客观事实等，在经过部门负责人批准同意的前提下，可以外借，但时间不宜过长。借出的声像档案归还时，档案管理人员要认真清点及检查，如有损坏及其他情况，应查明原因，及时处理。利用率高的声像档案可将复制件外借；如在外借中造成损害，则由外借单位负责赔偿。

（3）复制服务。复制服务是声像档案利用的重要方式，一般可以复制原版作为外借版提供给利用者，这是因为复制服务有许多优点，它可以提高声像档案的利用率，满足各方面的需要，也可以减少对原版的磨损，延长声像档案的寿命。

（4）咨询服务。档案管理部门对档案利用者提出的口头或书面形式的问题作出解答，这是声像档案利用工作的方式之一，称之为咨询服务，咨询服务的内容一般包括一般性咨询服务和专题性咨询服务。

（5）情报信息服务。情报信息服务的特点是提供声像档案的情报信息，而不是提供声像档案的原版或复制版，情报信息服务既可以回答情报信息需求者的查询，也可以主动向业务部门或档案利用者提供情报信息服务。

在不涉及保密的前提下，可利用土地整治声像档案举办报告会、专题会，编辑综合性或专题性画册、资料片等，使声像档案得到合理的开发和利用。

（三）电子档案利用

1. 利用特点

土地整治电子档案的利用与纸质档案的利用相比，有着相同的社会性、层次性、多样性、动态性和重复性，显著不同的特点是更快捷、更方便。但这必须建立在电子档案所依赖的技术上，且必须满足必要的先决条件和采取相应的管理措施才能够实现。

2. 利用内容

土地整治电子档案利用的主要内容如下：

（1）提供拷贝。档案管理者向利用者提供载体拷贝时，应将文件转换成通用标准文档存储格式，由利用者自行解决恢复和显示。当利用者不具备利用电子文件的软硬件平台时，也可以向这些用户提供打印件。

（2）通信传输。通信传输即用网络传输电子档案。这一方法比较适合部门之间的信息资源互相交流及向相对固定的查档单位提供档案资料，可以通过点对点转换数字通信或互联网络来实现。

（3）直接利用。直接利用是利用档案管理部门或另一检索机构的电脑，在档案管理部门的网络上直接查询的一种方法。其特点是：可为利用者提供技术支援；同通信传输相比减少了大量的管理工作；可以使更多的使用者同时利用同一份电子档案。这种方法实现的可能性，取决于档案馆网络系统中可供直接利用的信息资源的多少。

土地整治电子档案的利用与纸质档案的利用都有各自的长处和短处，两者可以相辅相成、优势互补。虽然电子档案的利用有很多优点，但在计算机网络环境下给电子档案的传递利用带来方便的同时，也带来了诸如档案信息丢失、失真、泄密等问题。在电子档案利用中应该制定电子档案的利用制度，提高电子档案信息安全意识，加强电子档案信息综合利用技术的研究和开发。

第三节　档案利用的发展

一、应用现代化技术，建立信息网络

各级土地整治机构的档案部门作为档案信息汇集、交流的中心，应该跟上社会科学技术发展的步伐，多渠道争取资金，积极引进计算机、缩微技术等现代化设备和技术手段，提高对档案信息的存储、处理、检索能力，从而提高档案信息资源开发利用工作的效率。档案部门可以通过建立档案信息网络，打破室藏档案的地域性、封闭性，使档案信息资源成为一个统一的、开放的信息资源系统，真正达到档案信息资源的共享。

二、开发馆（室）藏资源，提高利用效率

（1）利用档案信息要有针对性。档案部门开发档案信息资源必须首先了解社会的需求，要紧紧围绕服务对象的发展规划和工作重点进行选题，做到有的放矢。

（2）建立完善的检索体系，最大限度地揭示档案信息。档案检索工具是记录、报道和查找档案的手段，是管理档案和提供利用必不可少的工具。档案部门只有编制出系统、实用、多角度、多功能的档案检索工具，才能缩短档案检索时间，提高档案的查全率、查准率。

三、加强档案编研工作，提高编研质量

随着科学技术的高速发展，利用者需要档案部门快速、高效地提供多层次的档案信息。这就要求档案部门在分析和研究的基础上，根据档案利用和研究的需要，围绕一定的主题范围，对土地整治档案材料进行筛选，进行不同性质、不同层次、不同深度的研究和加工，使档案材料内容和记录的事件，转化成为不同形式的出版物，供有关方面利用。

四、强化服务职能，提高服务质量

由于档案本身具有的潜在价值不能自发地实现，必须借助人们的利用活动，才能使其充分地表现出来。因此，新形势下，土地整治档案管理人员要树立为土地整治事业发展和各项土地整治工作服务的思想，改变过去那种看门守摊、坐等上门的被动服务状态，变封闭为开放，变被动服务为主动服务。一方面，紧紧围绕社会各方

的需求，找准社会普遍关注的热点、焦点问题，把握时机，主动配合社会活动和政府的中心工作，充分发挥土地整治档案部门的主观能动性。同时，凭借计算机、网络等先进技术，利用网上信息量大、传递速度快的优势，与其他档案机构联网，实现档案信息资源共享。使"死档案"变成"活信息"，充分发挥档案的作用。另一方面，利用报纸、电视等新闻媒介增强全社会的档案信息意识，宣传土地整治档案效益实例，扩大土地整治档案的知名度，使人们了解土地整治档案的价值和作用，提高土地整治档案的社会地位与影响，便于今后的利用。

五、建立健全各项规章制度，为档案利用工作提供制度保障

土地整治档案利用信息、档案工作与社会各方面越来越紧密地联系在一起。当前社会是法制社会，要做好新时期土地整治档案工作，必须建立健全各项规章制度，以规范约束各项工作的顺利开展。《中华人民共和国档案法》《中华人民共和国土地管理法》是做好土地整治档案工作的基本法律，它与相关土地整治法律、法规、标准一起成为了新时期开展土地整治档案工作的基本依据。通过依据这些法律规章开展工作，依法治档，这样才能在社会大潮中坚持正确的方向。

六、加强对档案的宣传，提高利用档案信息资源的意识

土地整治档案信息资源的开发利用需要各级土地整治机构各部门的积极支持和参与，才能促进工作的开展。这就需要开展多种形式、多种渠道的档案宣传。如可以通过举办档案展览、印刷宣传资料、开展档案信息咨询、报道档案工作等各种形式，广泛地宣传土地整治档案的重要作用、档案部门的职能、档案工作的内容和基本

任务。通过宣传教育，使政府各部门及社会群体逐步了解土地整治档案和档案工作，熟悉档案部门的档案内容、利用档案的方法等，有针对性地利用档案。扩大档案工作的影响，使土地整治档案走向社会，提高和强化社会利用档案的意识，宣传土地整治档案在经济和社会各项事业发展中的价值作用，为土地整治档案信息的利用创造良好的外部环境。

第四节　档案利用制度

一、土地整治档案利用制度

（1）借阅档案必须严格履行档案查借阅登记手续。

（2）档案须在规定的期限内归还；涉密档案原则上不予借出，如需借出须经领导批准，并在规定期限内归还。

（3）档案限于单位内部工作人员查阅使用，如外单位人员借阅档案，必须持有单位介绍信，经主管领导批准后方可查阅。

（4）档案查阅者必须登记查阅档案记录。

（5）需索取档案证明或复印件者，经领导批准后，注明复印人、时间、份数等有关内容方可索取。

（6）查借阅档案应爱惜档案资料，严禁在档案上批注、涂改、圈点、折叠、污损。如有损坏、丢失，根据情节轻重予以处罚。

（7）所借档案必须妥善保存，按期归还，不得转借他人。

（8）归还档案材料时，档案管理人员要认真检查、核对，验收签字后注销借阅记录。

（9）曾办理过借阅的单位工作人员在调离单位时，借出的档案应全部归还后方可办理相关手续。

二、档案管理人员责任制度

（1）严格执行《中华人民共和国档案法》以及党和国家有关档案工作的方针、政策及法规，认真履行自己的职责，强化责任意识。

（2）严格执行档案利用管理制度，切实做好档案保密工作，防止泄密事件发生，确保档案资料的完整、安全。

（3）熟悉、了解档案检索工具，编写参考资料，积极做好提供利用工作。

（4）做好档案归还查验工作，发现问题及时报告，妥善处理。

第七章　土地整治档案鉴定与销毁

土地整治档案的鉴定工作，就是按照档案鉴定工作的原则、标准和方法，甄别和判定档案的现实使用价值和历史价值，确定档案的保管期限，剔除失去保存价值的档案并予以销毁。档案鉴定工作是一项贯穿于档案材料运动周期的系统性工作，从文件转化为档案的归档鉴定，到对归档文件保管期限的确定，再到档案归档完毕进入档案室，直至档案保管期满后的鉴定销毁。在档案工作各个阶段，都涉及对档案价值的鉴定。档案鉴定工作的开展由档案的价值差异和不断增加的档案数量决定。

第一节　档案鉴定工作意义和作用

一、档案鉴定工作意义

土地整治档案鉴定工作对文件和档案管理有决定意义。它的意义及目的在于：玉石分清、去粗取精、确定留存。通过鉴定，解决档案精练与庞杂、有用与无用的矛盾，促使保存的档案由庞杂向精炼转化，保存有价值的档案，销毁已无保存价值的档案，提高存留档案的质量，以利于保管和利用。它确定文件的取舍和档案的存毁，贯穿档案的起点至终点，并渗透到档案的收集、整理、编研和利用各项环节中，直接影响文件的命运、档案的质量和档案管理的效益。档案鉴定是决定档案存亡命运的基本手段，是提高档案管理效益的科学措施，所以鉴定是档案管理必不可少的基本业务。

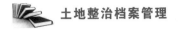

二、档案鉴定工作作用

（一）便于保管

通过鉴定，分清主次，对有保存价值的土地整治档案，给予良好的安全保管条件，尽可能延长其寿命。对失去保存价值的土地整治档案，尽可能及时剔除销毁，腾出有限空间，妥善保管更加有价值的档案。

（二）便于利用

档案的信息资源价值是众所周知的，通过对档案资料的鉴别分析，去其糟粕，留其精华，便于利用时按照使用者的需求，及时查找，可以更有效地发挥档案的信息和价值作用，实现档案的经济效益和社会效益。在归档时，通过分析档案材料的价值高低、密级程度，提高对有价值档案提供利用的重视程度。在定期核查中，适时剔除失去价值的档案材料，同时在浩瀚的土地整治档案库藏中，可能发现各种有价值的部分，使其得以重新利用。因此，这项工作为有价值的土地整治档案的提供利用奠定了基础，使其经济效益和社会效益得以更好地实现。

（三）便于应付突发事变

通过鉴定，区分主次，使确有保存价值的土地整治档案得到重点保护，以保证土地整治档案的安全。若遇突然事变，能及时、迅速地将重要土地整治档案抢救和转移。

第二节　档案鉴定工作的原则和内容

一、档案鉴定工作应遵循的原则

土地整治档案鉴定工作的原则是用辩证唯物主义和历史唯物主义

的观点，分析土地整治档案对国家及土地整治各项事业的现实作用和历史作用，准确判定档案的保存价值，保证档案的齐全与完整，便于各项土地整治工作以及国家各项事业的利用。

（一）思想原则

从国家和人民的整体利益出发，用全面的、历史的、发展的、效益的观点判定土地整治档案价值。这条原则指明了在文件材料的归档鉴定过程中在思想、观点方面所要遵循的准则。在档案鉴定工作中要遵循这一原则，必须坚持4个观点：全面的观点、历史的观点、发展的观点和效益的观点。

（二）工作原则

文件材料的归档鉴定实践活动围绕以下问题进行：文件是否有用？有效使用时间有多长？效用有多大？在什么范围内使用？效用是确定文件取舍的准绳，也是划定档案保管期限的依据。因此，它是归档鉴定工作的原则。这个原则指明了归档鉴定过程的总要求，反映了归档鉴定行为的共性和特色，揭示了文件材料归档鉴定实践活动的规律。

二、档案鉴定工作的内容

（一）做出部署，成立档案鉴定职能部门

各级土地整治机构应当成立档案鉴定小组，鉴定小组由分管负责人带队，由档案部门和相关的业务部门有关人员组成，鉴定小组负责鉴定并提出处理意见。

（二）对土地整治档案的质量进行鉴定

（1）完整性的鉴定。任何一个档案，都有完整、齐全的问题，要注意其成套性。对一套土地整治档案，首要关注归档文件是否齐全，记录和反映各职能单位工作活动的文件资料是否齐备。

（2）原始性的鉴定。归档和移交的土地整治档案必须是原始件（底稿、原件），包括具有法律效力的电子档原件。通过检验印鉴、签署的笔迹以及收发文登记台账、批示等进行鉴定。

（3）真实性的鉴定。主要是辨别土地整治档案的真假，或者是否为复印件，文件上的印章、签名等是否真实。

（4）准确性的鉴定。文档记述和反映的情况是否与客观发生的过程一致，土地整治项目设计图、竣工图与现场实物是否相符等。

（三）对土地整治档案的价值进行鉴定

（1）剔除无保管价值的档案。

（2）对照不同省份出台的《土地整治项目文件归档范围和保管期限表》确定每份文件的保管期限。

（3）对永久保存的档案，按其重要程度、价值和其他特点划分不同等级。

（四）对土地整治档案的利用范围进行鉴定

根据有关规定和档案的保管程度制定具体标准，可将档案依据使用范围划分为：①限于内部使用的档案；②向社会开放的档案，包括网络流通的电子档案。

（五）档案鉴定的后续工作

在土地整治档案鉴定过程中，会有诸如目录批注、拆卷、更改保管期限以及提出其他处理意见等。这就是档案鉴定过后需要继续做的工作，具体有以下几个方面：

（1）文件目录、案卷目录以及全宗目录的批注。

（2）被拆档案的装订、调整，档案内容增减后档案目录的改编。

（3）编制新的控制使用的和开放使用的档案目录。

（4）到期文件需继续保存的编目及其处置。

（5）需要修缮的档案的转交。

（6）提出空缺档案名单或内容以及弥补办法。

（7）编制被剔除的档案清单，提出报告和销毁申请，组织销毁。

（8）收集整理档案鉴定工作中形成的文件材料并立卷归档。

第三节　档案鉴定工作的标准和方法

一、档案鉴定工作的标准

作为衡量土地整治档案质量、价值和去向的标准，大致有以下几个方面：

（1）来源。即档案形成的单位和个人。以来源为标准应注意以下两点：

1）形成的档案越符合时代精神和历史潮流，越体现群众利益的，就越重要，其价值就越高。

2）一般来讲，本单位形成的档案高于外来的；就外来的文件来讲，上级的高于下级的。

（2）内容。土地整治档案因内容的不同，其重要性也有所区别，如重大建设项目较之一般性的部门业务工作重要；重大政策、法规、决议、部署等档案较之一般性的工作档案重要。

（3）时间。以土地整治档案材料形成的时间长短为尺子，一般来讲，时间越长，其价值越高。

（4）名称。一般来讲，土地整治档案材料的名称不同，其价值就不一样，法令、规定、指示、决议、意见、总结等，相对于通知、函件的价值要高。

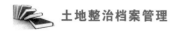

二、档案鉴定工作的方法

土地整治档案的鉴定可采取定性与综合分析的方法、直接鉴定的方法。

（一）定性与综合分析的方法

定性与综合分析的方法就是针对档案内容等因素进行深入细致的分析，主要考虑以下 3 个方面因素：

（1）从内容和表现形式进行分析。

1）文件内容是反映档案价值的最主要因素，对土地整治项目而言，内容重要、价值较大的文件主要有以下几种：

a. 项目立项批复、资金下达批复、工程变更批复等法律依据和凭证性文件。

b. 工程质量验收记录、隐蔽工程检查记录、计量资料、竣工图等对后期管护与评价等工作有查考价值的文件。

c. 记载建设情况、开工、竣工、检查、会议以及土地整治项目建设成果的文件等。

2）从表现形式分析，包括文件的来源、文件形成的有效时间和文件的载体等。

a. 文件的来源指从文件形成的部门或个人去分析价值。

b. 文件形成的有效时间对文件的价值产生直接影响。某些文件具有较强的时效性，如合同、协议书等，只在一定时期内具有法律效力和保存价值，当文件的有效期过后，其价值会发生变化。

c. 文件的载体是指文件外在形式对其价值的影响。随着科技水平的不断提高，档案的载体也在不断更新，档案会因为载体的不同，其价值也会有所不同。

（2）从功能和效益进行分析。土地整治档案鉴定工作是依据档案材料在土地整治项目建设中所起的作用判定其价值，而档案材料的效益，既要考虑到为承担单位利用所创造的价值，同时也要考虑到能产生的相应社会效益。以同一土地整治项目的规划图和竣工图为例，其都是围绕同一土地整治项目形成的，在内容上大多基本相同，但是，规划图是在项目建设之前设计形成的，而且在施工过程中要做必要的更改，所以规划图与项目完成后的实际情况不一定能完全保持一致，只具有指导土地整治项目施工的基本功能。竣工图是在规划图的基本上，根据施工过程中实际发生的更改绘制而成的，竣工图与工程项目保持完全一致。两者相比，作为档案保存，竣工图的价值远远大于规划图的价值。

（3）从可利用性和完整程度进行分析。土地整治档案的可利用性与完整程度是密切联系的。一般情况下，只有保存完整的档案材料，才具有较高的可利用性。如果档案保存不完整和不成套，其可利用价值就大大降低。但对于某些档案而言，由于年代久远或保管不善而失去其完整性，则残余文件的保存价值有时就会相应提高。所以，在可利用性和完整程度两方面，要以可利用性为主要考虑因素，同时针对具体情况进行具体分析，不能一概而论。

归档鉴定，一方面补齐了归档文件材料的短缺，纠正了内容的误差；另一方面对文件材料进行了筛选，确定了保管期限，从而奠定了土地整治档案的质量基础。

（二）直接鉴定的方法

1. 前期鉴定

土地整治档案前期鉴定亦可称为归档鉴定，就是在土地整治档案材料归档前判断文件的保存价值，确定归档范围和保管期限，是文件转为档案的鉴定，是档案价值鉴定工作的第一个过程。它是在文件归档前，由文件形成部门在档案部门的协助下，对文件进行的鉴定工作。归档鉴定是土地整治档案管理工作的重点。

土地整治档案归档鉴定工作主要解决以下问题：

（1）鉴别、核查归档材料的完整性和准确性。

（2）鉴定文件的保存价值，从而决定其取舍。

（3）确定归档保存文件的保管期限。

（4）密级的鉴定。

鉴定档案价值应以反映本单位主要职能活动、基本历史面貌和科学研究方向为出发点，以分析档案的内容为中心，结合考虑档案的产生时间、完整程度、可靠性、有效性等因素，确定档案的价值。鉴定档案价值的基本方法就是直接地、具体地审查分析档案内容，判定档案的价值，通常把这种方法称为直接鉴定法。它包括以下两点含义：

（1）鉴定人员必须直接审查档案材料，根据档案的具体情况直接判定其价值。只有充分了解档案的实际情况，并且掌握鉴定档案价值的标准，才能对照档案保管期限表判定档案的价值。

（2）鉴定人员要逐件、逐页地审查档案材料，从档案的内容、责任者、名称、完整程度、可靠程度等方面，去全面分析档案的价值，而不能仅仅根据案卷目录或题名判定档案价值。因为目录或题名概括的档案内容及其他特征可能不准确，更不可能全面反映档案的详细内容和全部情况。

2. 后期鉴定

土地整治档案后期鉴定是指专门的鉴定委员会对档案进行鉴定。后期鉴定是档案部门的重要业务环节，需要有专门的鉴定人员，按特定的程序进行。其工作内容应包括档案评价、珍贵程度鉴定和保管期限鉴定等。但在鉴定档案时人们往往优柔寡断，过于谨慎，一般表现在以下几个方面：

（1）对是否还存有保存价值而发生分歧意见的档案，一般都不销毁。

（2）一卷中仅一份文件有些价值，而将整卷都保存下来。

（3）期限划分不适合所有门类档案。

（4）鉴定标准难以掌握。

第四节　档案的销毁

一、纸质档案的销毁

（1）档案的销毁是指对没有保存价值的不归档文件和保管期限已满无须继续保存的档案进行销毁处理。

（2）档案销毁必须按照国家规定的档案销毁标准，严格进行鉴定。

（3）档案销毁前要经过档案销毁鉴定领导小组对准备销毁的档案进行统一鉴定，经过鉴定确需销毁的档案，必须写出销毁档案内容分析报告，列出档案销毁清册。

（4）需要销毁的档案，必须严格执行审批制度，经分管领导审查批准后，方可销毁。

（5）批准销毁的档案，应及时销毁，且要有两人监督销毁；销毁完毕，监督销毁人员要在销毁清册上写明某日已销毁并签名盖章。

（6）销毁的档案，必须在相应的"案卷目录""档案总登记簿"和"案卷目录登记簿"上注明"已销毁"。

二、声像及电子档案的销毁

（1）声像、电子档案在销毁前，必须要进行编目和造册，经过分管领导批准后，方能进行销毁。

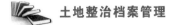

（2）在销毁时，对于非保密性的声像及电子档案，可以采用逻辑删除的方法进行销毁。对属于保密范围内的声像及电子档案，存储在不可擦除载体上的，必须连同载体一同销毁。对于在网络上处于流转状态的电子档案，可做清除处理。

第八章　土地整治档案信息化

随着时代的发展，档案工作的地位正在发生变化，信息技术的发展，更是为档案的发展提供了全新的发展机遇，同时对档案信息资源的利用提出了更高的要求，档案信息化已成为档案发展的必由之路。在当前信息化社会的环境大背景中，土地整治档案管理模式已由传统的以档案实体保管为重点，向给利用者提供全方位的档案信息资源管理为重心转移。如何运用计算机及其相关技术和现代通信技术，实现文件与档案信息资源的数字化及档案信息传递的网络化，保证信息技术对归档文件、数据信息资源及档案进行采集、整合、维护、处置和提供利用服务的真实、完整、可靠，准确把握档案信息化管理提升过程和工作方式，对于土地整治档案信息化的建设有着重要意义。

第一节　档案信息化的目标和原则

伴随着我国生产力水平的快速提升，科学技术的突飞猛进，工业化、城市化进程的不断加快，土地整治在范围上已由分散的土地开发整理向"山水林田湖是一个生命共同体"转变；在内涵上已由增加耕地数量为主向增加耕地数量、提高耕地质量、改善生态环境并重转变；在目标上已由单纯的补充耕地向建设性保护耕地与生态综合体修复转变。相应的，传统土地整治项目的手工管理模式显得相形见绌，尤其是按照生态文明建设要求，加强生态环境保护和修复，实施山水林田湖草综合整治项目的省市，档案管理的信息化更为迫切，加快推进土地整治档案档案信息化也成为必然。

一、档案信息化、数字化、网络化三者的关系

档案信息化是指通过档案信息资源的数字化和档案管理过程的网络化，经系统加工和网络传输后，实现档案信息资源的合理配置与有效利用，最终实现档案信息资源共享。其含义有 4 点：一是档案信息的数字化和网络化；二是档案信息接收、存储、加工、传递和利用的一体化；三是档案信息的高度共享；四是档案管理模式的变革，即从以面向实体保管为重点，向提供档案实体的数字化信息服务为重心转变。档案信息化、数字化、网络化三者的关系如下：

（1）档案信息化与数字化、网络化相比是更为宏观的概念。档案信息化有着极其丰富的内涵，档案信息化建设是一项庞大的系统工程，它包含了档案数字化和网络化。当然，档案信息化不是数字化和网络化的简单相加，除了数字化和网络化等技术外，还涉及法律、政策、标准、人员等社会因素。可以说，档案信息化是由档案信息的数字化、档案传输的网络化和档案管理的标准化、档案系统的集成化、档案人员的知识化构成的有机体系。

（2）档案数字化、网络化是档案信息化的物质基础和技术基础。从档案信息化的物质基础来看，数字化的档案信息资源是档案信息化的物质对象，离开了它，档案信息化就失去了存在的必要和研究的价值；网络设施与设备，同样也是档案信息化不可缺少的，它们承载人们的信息获取、传输、处理和利用。无论是档案资源加工的数字化，还是档案信息传输的网络化，都是以计算机、通信以及相关信息技术为工作手段和技术基础的。以计算机、数据通信技术和网络技术为核心的数字化、网络化技术，构成了信息化的技术基础。

（3）档案数字化是网络化的前提。数字化的档案信息，与传统档案相比，虽然由于信息内容与载体的分离而使其原始性有所降低，但它能被计算机所识别，能在网络中传递，从而跨越时空为人类所共享，这是传统档案所无法比拟的。数字化是连接传统档案与其网络化之间的一座"桥梁"，离开了数字化，档案网络化只能是一句空话。

（4）档案网络化是数字化的发展方向。网络化是信息传输、交换和共享的必要手段，也是充分发挥档案数字化效益的必由之路。面向单机的数字化档案信息，其作用必然有限，只有网络环境下的数字化档案信息，才能实现真正意义上的共享。

二、土地整治档案信息化目标

土地整治档案信息化的目标就是各级土地整治机构档案管理部门运用信息技术通过网络及时、准确地提供以有效的数字信息为主要形式的档案利用服务。

土地整治档案信息化是一个发展、创新的持续性提升过程，不是一蹴而就的，与国家将信息化界定为过程、进程的表述相一致。同时，土地整治档案信息化是土地整治档案一种新的工作模式，过去土地整治十几年形成的档案管理惯例、模式、方法都在进行着根本性转变，是区别于传统档案工作的管理理念、方法、技术、规则、流程的全新的档案工作模式。

三、土地整治档案信息化原则

（一）同一目标、统筹规划原则

各级土地整治档案管理部门要有全局意识，要树立土地整治管理"一盘棋"的思想，遵循"统筹规划、统一标准、联合建设、互联互通、资源共享"的方针，结合土地整治档案工作实际，有计划、有步骤、循序渐进地实现土地整治档案信息化。

（二）统一标准、规范建设原则

统一标准、规范建设是实现土地整治档案信息化的基础，是提高档案工作质量和效率的需要。档案数字化的电子文件，应该坚持规范性原则，树立标准化意识，认真贯彻执行国家档案局制定的统一标准，同时各级土地整治机构应及时制定相应的规范和法规。只有标准先行，才能确保在档案信息化建设中，电子文件的归档，传统介质档案数字化，数字化档案的保管、传递、利用等工作实现有序化、标准化和规范化，避免出现各自为政，互不兼容，重复建设等现象，真正实现互联互通和资源共享。

（三）实事求是、开拓创新原则

根据土地整治档案的实际情况，本着对土地整治档案事业负责的态度，要立足现实，但不可安于现状。在实施过程中，要紧跟时代的发展，展望未来，勇于创新，创造性地开展工作，大胆采用新方法，运用新技术，总结新经验，使档案信息化在创新中建立、完善和发展。

（四）合作共建、资源共享原则

各地区土地整治机构档案信息化进展程度和水平不同，应根据土地整治工作的具体情况，由部级和省级土地整治机构牵头，实现土地整治档案信息化合作共建、共同发展、资源共享。

（五）面向需求、促进发展原则

土地整治档案信息化过程中，要深入实际进行调查研究，了解和掌握自身和社会各界对土地整治档案信息资源的需求，这样才能在土地整治档案信息化建设中做到有的放矢，最大限度地满足需求。

要坚持面向应用、满足需求、促进发展、形成特色的原则，积极发展网上信息资源，提供特色服务，以应用和需求带动与促进土地整治档案信息化的建设、发展、完善和提高，做到既满足需求，又方便利用。

（六）维护安全、保守秘密原则

随着社会信息化程度的日益提高，网络的脆弱性和潜在威胁也日益凸显。各类土地整治档案信息系统的安全问题不容忽视，病毒、黑客、误操作，哪一个都会带来毁灭性的打击。各级土地整治机构要树立安全防范意识，积极运用病毒防治、数据防护、安全保密等技术，加强土地整治档案信息资源的统一管理，防止泄密。

第二节　档案信息化的任务和内容

土地整治档案信息化的最终目的就是切实加强土地整治档案信息资源科学管理，使土地整治档案信息资源实现数字化、标准化、系统化和网络化。

一、土地整治档案信息化的任务

（1）以信息技术为主导，以计算机现代化网络技术为支撑，加强档案管理现代化软硬件基础设施建设。

（2）采用切合土地整治档案自身特点的管理模式，打造档案工作网络化管理平台，建立高效档案信息化管理与网络化管理系统。

（3）加强档案信息资源建设，以贯彻实施计算机档案管理软件功能要求为基础，以推行电子文件归档管理标准为重点，加快土地整治档案信息资源管理标准规范的制定和推行。

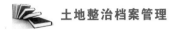

二、土地整治档案信息化的内容

《全国档案信息化建设实施纲要》中，将档案信息化建设划分为档案信息化基础设施建设、档案信息资源建设、档案管理应用系统建设、档案信息化标准规范建设、档案信息化人才队伍建设、档案信息安全保障体系建设等 6 个方面，其中档案信息化基础设施建设、档案信息资源建设、档案管理应用系统建设和档案信息安全保障体系建设这 4 个方面与档案信息化标准规范建设联系密切。

（一）档案信息化基础设施建设

土地整治档案信息化基础设施建设是指土地整治档案信息网络和数字化设备建设，核心是档案网络建设。档案信息化基础设施建设主要包括网络建设、硬件环境建设、系统软件建设等。软硬件基础设施是档案信息化建设不可缺少的基本条件，是档案信息资源开发用和信息技术应用的基础。

（二）档案信息资源建设

土地整治档案信息化建设需要从资源建设抓起，资源建设是档案信息化建设的基础和核心。它是指数字化档案信息借助档案信息化设备在网络上传输以实现信息服务。档案信息数字化工作的前提是良好的纸质档案基础，各级土地整治机构应重视土地整治纸质档案的收集整理工作，在档案信息化建设的过程中不断丰富数字化档案信息的存储量，满足各级土地整治机构对档案信息的需求，实现档案信息资源的高度共享。

（三）档案管理应用系统建设

完善的硬件基础设施的管理和运用，还需要有先进、可靠的应用系统。目前，部分省级土地整治机构在土地整治档案信息化进程中已开发使用了土地整治档案管理应用系统，为档案信息化建设提供了技术保障。

（四）档案信息化标准规范建设

标准规范是档案信息化建设的重要基础之一，是档案信息化快速、有序、健康发展的保障。标准化和规范化本身也是一个系统，要推进土地整治档案信息化建设，必须抓好土地整治档案标准化、规范化，掌握好两者相辅相成、互相促进的辩证关系。

（五）档案信息化人才队伍建设

档案信息化建设，人才是关键。人才是最宝贵的资源。档案信息化需要培养一批系统开发与维护，档案数字化加工与管理、标准规范建设与实施，相关技术的使用与研究以及档案信息化建设运营及管理的复合型专业人才。

（六）档案信息安全保障体系建设

各级土地整治机构在开发利用档案信息资源和网络系统建设工作中，要提高信息安全意识，防止失密、泄密的发生。参加各级政府电子政务建设的档案部门，要严格遵守相关的安全保密制度。非公开的档案信息一律不得上外网；在互联网上提供已公开档案目录查询服务的，要认真采用身份认证、防火墙、数据备份等安全防护措施，确保档案信息和系统安全。

第三节　数字档案馆建设

土地整治数字档案馆的建设并不是孤立存在的，应纳入土地整治档案信息化建设的总体设计当中。它需要技术、政策、环境的依托和保障。由于各地土地整治档案信息化的基础、技术手段、资金和人才条件不尽相同，因此数字档案馆的发展水平也参差不齐。所以各土地整治机构应根据自身特长积极创新，借鉴其他单位成功经验，引进先进技术和管理经验，避免重复研究带来的资金浪费。

一、核心任务和根本目的

土地整治数字档案馆建设的核心任务是土地整治档案信息的数字化。一方面将现有土地整治档案，包括各种纸质档案、照片档案、声像档案等进行数字化处理；另一方面收集整理工作过程中形成的大量的电子档案，这种收集可以是文本、图形、图像、声音、视频等各种形式，并将土地整治档案信息与土地整治的办公业务相关联。

土地整治数字档案馆建设的根本目的是利用虚拟化的网络优势、智能化的检索手段和先进的 GIS 技术，将档案信息进行集中统一管理，实现档案和图形的相互查询，方便、准确、及时地提供系统的土地整治档案信息资源，真正实现档案信息资源的共享，提高工作效率，加快土地整治档案的信息化建设。

二、基础设施建设

为确保土地整治数字化档案资源的安全管理和有效利用，应依托机关信息化建设成果，建设相对独立且稳定、兼容的，能够满足数字化档案资源管理和机关共享利用需求的数字档案馆基础设施，主要包括网络基础设施、系统硬件、基础软件、安全保障系统、终端及辅助设备等5个部分。基础设施应尽量采用国产产品，尤其是具有自主知识产权的国有品牌产品。用于支撑涉密数字化档案资源管理的基础设施建设，应符合国家有关保密工作的规定。

（一）网络基础设施

数字档案馆网络基础设施是机关整体网络基础设施的有机组成部分，应统筹规划、设计和建设。一般情况下，应将数字档案馆网络管理中心设于机关中心机房。机关中心机房应具备防雷、防静电、防磁、防火、防水、防盗、稳压、恒温、恒湿等基本管理条件，有条件的单位应建设符合《电子信息系统机房设计规范》（GB 50174—2016）要求的 B 级机房。中心机房、网络综合布线的配置，要充分考虑各类电子文件采集、归档和数字化档案资源安全管理、移交等工作要求。应为数字档案馆配备足够数量的内部局域网、政务外网和政务内网网络信息点，网络性能应能适应图像、音频、视频等各类数据的传输和利用要求。

（二）系统硬件

1. 服务器

专业服务器是数字档案馆必备的基础设施。服务器性能和数量的配置，应能满足数字档案馆应用系统以及数据库、中间件、全文检索、备份、防病毒等基础软件的部署和安全高效运行的需求，并适当冗余、可扩展。

2. 存储与备份

为满足各门类电子档案和传统载体档案数字副本的存储、利用和备份要求，应为数字档案馆配备先进、高效和稳定的磁盘阵列作为数字化档案资源在线存储设备。根据机关制定的数字化档案资源保存策略，确定近线或离线备份系统的配置，近线备份应选择磁带库或虚拟带库以及相应的备份软件，离线备份可选择光盘、移动硬盘等脱机存储介质以及相应的备份、检测设备。

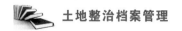

（三）基础软件

为确保各门类电子档案及其元数据的准确和及时采集、捕获、保存，提供便捷、有效的数字化档案资源利用，应结合数字档案馆应用系统开发或运行需要，为数字档案馆配备必要的正版基础软件，包括数据库管理系统、网络操作系统、中间件、全文检索、光学字符识别（OCR）等软件。应选用主流数据库管理系统，如关系型数据库，其性能应能支持本单位今后较长一个时期数字化档案资源管理的需要。

（四）安全保障系统

应结合实际，参照信息系统安全等级保护有关要求，从多层面为数字档案馆应用系统建立安全保障体系。涉密数字档案馆应用系统建设必须按照国家有关涉密信息系统分级保护的规定执行。

（1）应建立数字档案馆应用系统的三员管理制度，明确系统管理员、安全管理员和安全审计员职责，并贯彻落实。

（2）应结合三员管理制度，为数字档案馆应用系统设计、实施完善的用户权限配置和管理功能，为数字化档案资源的安全存储、管理提供保障。

（3）应为数字档案馆的应用系统配备正版杀毒软件。如有必要，应有选择地配备防火墙、用户认证、数字签名、移动存储介质管理软件、业务审计软件等安全管理工具。

（五）终端及辅助设备

应结合工作需要，为数字档案馆应用系统配备专用终端计算机、扫描仪、数码照相机、打印机等终端设备，以及恒温恒湿防磁柜、刻录机、移动存储介质等辅助设备。

三、土地整治档案数字化流程

（一）扫描过程管理

加强土地整治纸质档案数字化各环节的安全保密管理机制建设，确保档案原件和数字化档案信息的安全，可采取相关参与人员签订安全保密协议书的方式。

（二）整理登记

土地整治纸质档案数字化的各个环节均应进行详细的登记，并及时整理、汇总，装订成册，在数字化工作完成的同时建立起完整、规范的记录。

（三）扫描流程

土地整治纸质档案数字化的基本环节主要包括档案整理、档案扫描、图像处理、图像存储、装订、数据挂接等。

（四）档案整理

土地整治档案扫描之前，须对档案进行适当整理，以确保档案数字化质量。

（五）档案著录

规范土地整治档案中的著录内容，确定档案的著录项、字段长度和内容要求。对错误或不规范的案卷题名、文件名、责任者、起止页号和页数等进行修改。

（六）界定扫描范围

应界定同一案卷中的扫描件和非扫描件。无关和重份的文件应剔除。

（七）拆除装订物

装订物影响扫描工作进行的档案，应拆除装订物。拆除装订物时

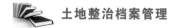

应注意保护档案不受损害，不允许裁切档案纸张。

（八）页面修整

对破损严重、折皱等无法直接进行扫描的档案，应先进行技术修复后再进行扫描。

（九）档案扫描

1. 扫描方式

（1）根据土地整治档案材料幅面大小选择相应规格的扫描仪或专业扫描仪进行档案扫描。土地整治项目工程图纸较多，图纸幅面较大，可使用 0 号图纸扫描仪进行扫描，或者缩微拍摄后的胶片数字化转换设备等进行扫描，也可以采用小幅面扫描后图像拼接的方式处理。

（2）扫描时应根据纸质档案的材质选择相应的扫描设备，保证档案不受损。纸张状况较差以及过薄、过软或超厚的档案，应采用平板扫描方式，纸张状况好的档案可采用高速扫描方式以提高工作效率。

（3）扫描时保证放纸端正、不压边、不漏扫、不错扫，严格确保图像质量。

2. 扫描色彩模式

（1）扫描色彩模式通常采用黑白二值，以扫描后的图像清晰、完整，档案内容信息与档案原件一致为准。

（2）对于年代久远、字迹模糊、纸张颜色和文本反差不大、斑迹较大等情况的档案采用灰度或 24 位彩色模式进行扫描。图纸、照片根据情况分别采用黑白、灰度或彩色模式进行扫描。有红色公章的材料采用 24 位彩色模式进行扫描。

3. 扫描分辨率

采用以上几种色彩模式对档案进行扫描时，其分辨率一般建议选择大于或等于 150dpi。如文字清晰度较差、字号较小等，可适当提高分辨率。

（十）图像处理

1. 图像数据质量检查

（1）对图像质量进行检查。如有图像不清晰、不完整、失真等情况，应重新进行图像扫描。

（2）如发现有文件漏扫时，应及时补扫并正确插入图像。

（3）如出现扫描图像的排列顺序与档案原件不一致时，应及时进行图像调整。

2. 图像数据处理

（1）对有偏斜、有杂质的图像应进行图像调整、去杂质等处理，尽量保持档案原貌。

（2）对分区扫描的大幅图纸，将其分区图像进行合并拼接处理。

（3）对彩色模式扫描的图像应将多余白边进行剪裁，以节省存储空间。

（4）填写相关表单，记录图像质量检查结果和处理意见。

图像处理后保证图像信息与原档案内容完全一致，不删除页面任何有用信息，包括正文内容、页眉、页脚、手写注释和印鉴等。扫描的页面内容基本居中显示，不出现明显偏左或偏右现象。不准出现页面内容残缺或将其他页面信息扫入本页的现象。

（十一）图像存储

1. 存储格式

一般采用 PDF 格式存储，以文件为单位生成 PDF 文件，一个文件对应一个 PDF 文件，一份案卷对应一个或多个 PDF 文件。一个项目、工程、案卷分别对应一个文件夹。一个项目文件夹包括一个或多个工程文件夹，一个工程文件夹包括一个或多个案卷文件夹，一个案卷文件夹包括一个或多个 PDF 文件。

2. 扫描件的命名

纸质档案目录数据库中的每一份文件，都有一个与之相对应的唯一档号，以该档号为这份文件扫描后的图像文件命名，或以文件在案卷中的顺序号命名。

(十二) 装订

扫描工作完成后，拆除过装订物的档案应按档案保管的要求重新装订。恢复装订时，应注意保持档案的排列顺序不变，做到安全、准确、无遗漏。

装订不能损害档案原件。装订时应按原有顺序装订，案卷不掉页、左边和底边整齐，保持拆卷前的原貌；装订后由甲方负责检查，不符合要求的退回重新装订，要求一次性完成装订，并认真做好档案页码、页数的登记。

(十三) 数据挂接

实现档案数字化转换过程中形成的目录数据库与扫描件的挂接。

首先，建立与档案目录数据一致的文件夹，用于将扫描的图像文件分别对应存储。其次，以纸质档案目录数据库为基础，一条目录信息对应一件档案材料，一件档案材料可挂接多个扫描文件。认真核对图像文件与档案目录数据名称、序号、档号等信息，确定了图像文件与档案目录信息一致后，可进行批量挂接。

四、档案管理应用系统建设

数字档案馆应用系统建设应基于开放档案信息系统参考模型设计

功能架构，应能集成管理各门类数字化档案资源，具备收集、元数据捕获、登记、分类、编目、著录、存储、数字签名、检索、利用、鉴定、统计、处置、格式转换、命名、移交、审计、备份、灾难恢复、用户管理、权限管理等基本功能，为电子档案的真实、完整、可用和安全提供首要保障，并达到灵活扩展、简单易用的基本要求。其具体功能需求可参见《电子文件管理系统通用功能要求》（GB/T 29194—2012）。

各土地整治机构应在充分理解需求的基础上，从长远的角度考虑，充分利用现有成熟技术和先进概念，以系统的稳定性、适用性和易用性为根本要求，强调高效性和扩充性，从技术路线、系统结构、数据库设计等方面完成土地整治数字化档案管理系统的总体设计。

五、保障体系建设

土地整治数字档案馆是核心信息资源中心，其建设、运行和维护是一项长期的系统工程，需建立经费、制度和人才等各方面的保障机制。

（一）经费保障

各级土地整治机构应为数字档案馆建设予以经费保障。要将各门类电子（文件）档案的归档管理、纸质档案数字化、数字化档案资源备份管理以及数字档案馆应用系统的运维、升级费用等纳入本单位预算，给予长期的经费保障。

（二）制度保障

各级土地整治机构应制定保障数字档案馆正常运行的各项制度，并切实贯彻实施，包括各门类电子文件归档管理制度、人才配备与经费保障制度、数字化档案资源备份管理制度、数字档案馆应用系统运维和安全管理制度以及档案管理部门和电子文件形成部门、信息化

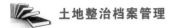

部门职责分工及奖惩制度等。

（三）人才保障

各级土地整治机构应为数字档案馆配备满足工作需要的专职管理人员。配备人员应具备档案或信息技术相关专业的本科学历，应具有较好的管理才能和计算机应用技能。应在制度上为专职档案管理人员的发展和进步予以保障。

第四节 结 束 语

当今时代是信息与高科技结合应用发展的时代，土地整治档案管理信息化建设是适应社会信息化发展的必然要求，是土地整治档案管理提档升级的必然选择。进一步加快土地整治档案信息化建设，使土地整治档案工作更好地为土地整治建设、土地整治管护、土地整治事业发展服务是土地整治档案管理工作的发展趋势。

各级土地整治机构应根据实际发展需要，配备和更新必要的信息化设备，推进档案管理系统软件应用，进一步提高档案库房和各类型档案的现代化、规范化管理程度。同时，加强对电子类（文本、图件）、数码影像类等新型档案载体保存管理规范的研究探索，保障新型档案保存的长久性和安全性。充分利用土地整治档案信息资源，推进政府信息公开化建设，利用信息技术，进一步提高政务公开力度，丰富专题汇编和编研成果，充分发挥档案的管理作用。

附录A 参考文件

附录A-1 国土资源部关于进一步加强和做好国土资源档案工作的通知

（国土资发〔2015〕151号）

各省、自治区、直辖市国土资源主管部门，新疆生产建设兵团国土资源局，中国地质调查局及部其他直属单位，各派驻地方的国家土地督察局，部机关各司局：

多年来，在部党组领导下，国土资源档案工作认真贯彻落实党中央、国务院要求，不断取得新进展。面对新形势新任务新要求，国土资源档案工作还存在重视程度不够、体制机制不完善、制度标准建设滞后、信息化建设发展不平衡、基础保障能力不足等问题。根据《中共中央办公厅、国务院办公厅印发〈关于加强和改进新形势下档案工作的意见〉的通知》（中办发〔2014〕15号）精神，结合国土资源系统实际，现就进一步加强和做好国土资源档案有关工作通知如下。

一、切实提高对档案工作重要性的认识

（一）充分认识档案工作的重要性。国土资源档案作为国土资源各项工作的真实记录，具有重要价值。国土资源档案工作作为一项基础性工作，是国土资源工作的重要组成部分，是国土资源管理服务大局、服务经济、服务民生的有力支撑。要充分认识做好档案工作的重

要性，切实履行档案管理职责，把档案工作与国土资源工作同规划、同部署、同落实，不断提升国土资源档案工作水平与服务能力。

（二）明确档案工作的总体要求。按照党中央、国务院有关档案工作的要求，以服务国土资源事业改革发展为中心，以推动国土资源档案工作科学发展为目标，建立健全覆盖国土资源的档案资源体系、方便管理服务的档案利用体系、确保档案安全保密的档案安全体系，进一步完善档案工作体制机制，加大对档案工作的支持保障力度，推动国土资源档案事业科学发展。

二、进一步健全档案工作体制机制

（三）落实统一领导、分级管理的原则。要坚持并不断完善党政领导、档案机构归口负责、各方面共同参与的国土资源档案工作体制，确保分工明确，各司其职，密切配合，形成合力。各级国土资源主管部门要在同级档案行政管理部门统筹规划、组织协调、统一规范、监督和指导下，依法组织做好本单位的文件材料收集、整理、归档、保管和利用工作，监督和指导所属单位的档案工作。

（四）健全完善档案管理机构和工作机制。部结合事业单位职责特色，依托中国地质调查局发展研究中心（全国地质资料馆）和部信息中心构建适应新形势新要求的档案工作机制。部办公厅负责部机关、督察局、部直属单位档案工作的统一管理和指导、协调、监督、检查，并对各省级国土资源档案机构的业务档案工作进行指导；中国地质调查局发展研究中心（全国地质资料馆）受部委托承担部机关档案及直属单位重要业务档案的接收、保管和利用等工作，制定相应的管理制度；部信息中心受部委托承担部机关档案的收集、整理、归档和档案管理信息系统的建设管理工作，制定相应的管理制度。各省级国土资源主管部门要结合实际，健全完善本地区档案工作体制机制。

三、积极推进档案"三个体系"建设

（五）完善国土资源档案资源体系建设。

完善归档制度。部办公厅要抓紧研究制定国土资源业务档案管理办法，加快制定国土资源电子文件归档办法和技术标准，及时修订文件材料的归档范围和保管期限表。各省级国土资源主管部门、各直属单位、各派驻地方的国家土地督察局、部机关各司局（以下简称各单位）要细化并严格落实相关制度规定，确保文件材料应归尽归、应收尽收。凡是应归档的文件材料（包括应归档的电子文件及传统的照片、音像等），要严格按规定归档，任何单位和个人不得据为己有或拒绝归档。

加大档案收集整理力度。各级国土资源档案机构要加强对档案收集整理工作的监督指导，文件材料形成部门要切实执行"谁形成谁收集、谁立卷谁归档"的原则，特别是在开展重点工作、重大活动、重大建设项目时，同步做好文件材料的收集、整理、归档工作。积极推进电子文件归档工作，参照国家关于纸质文件归档的有关规定，开发建设相应的归档接口，按照统一规范的标准，确保电子文件及时归档。

（六）推进国土资源档案利用体系建设。

创新服务形式。要强化档案利用意识，健全完善档案服务机制，依法做好国土资源档案利用服务。要积极运用新技术，改进查阅方式，简化查阅手续，优化工作流程，最大限度为利用者提供档案服务。

加大开发力度。要切实做好档案编研工作，加强对国土资源档案资源的开发利用，把"死档案"变成"活信息"，形成深层次、高质量的国土资源档案编研成果，更好地为领导决策、政策研究、依法行政等提供参考。

统筹建设数字档案馆。各级国土资源主管部门要按照《数字档案馆建设指南》要求，开展数字档案馆建设，切实推进档案存储数字化和利用网络化。加快推进存量档案数字化和增量档案电子化工作。各省级国土资源档案机构要发挥示范引领和统筹规划作用，推动和指导好市、县级国土资源数字档案馆建设工作。

积极推进资源整合与共享。各级国土资源档案机构要加强统筹协调，相关业务部门密切配合，依托已有的信息传输网络和平台，收集整合各类国土资源档案，运用云计算、大数据等新技术建立联网集中保管和网上统一利用的档案服务体系，并通过国家电子政务网、各级国土资源门户网站提供档案信息资源共享服务。

（七）加强国土资源档案安全体系建设。

建立完善档案安全应急管理制度。各单位要建立档案安全应急处置协调机制和档案安全应急管理制度，制定应急预案，确保档案安全一旦受到危害时能得到优先抢救和妥善处置，把损失降到最低限度。

切实改善档案保管安全条件。各单位要严格按照有关规定和标准配置、改造或新建、扩建档案库房，进一步提高档案库房的安全防灾标准，采用先进的安全保密技术、设备和材料，改善档案保管保密条件。对重要档案实行异地备份，电子档案异质备份，确保重要档案绝对安全。

保障档案信息安全。各单位要按照信息系统安全等级保护和分级保护工作要求，建立档案信息管理系统安全保密防护体系及档案灾难恢复机制，确保电子档案的长期保存和利用。

加大安全保密检查力度。各单位要严格执行安全保密的各项规章制度，建立健全人防、物防、技防三位一体的档案安全防范体系，做好档案数字化外包、档案开发利用中的安全保密审查。坚持日常抽查和重大节假日全面检查制度，及时发现和排除隐患，堵塞漏洞，严防档案损毁和失泄密事件发生。

四、加大对档案工作的支持保障力度

（八）加强对国土资源档案工作的领导。各单位要切实把国土资源档案工作纳入本单位发展规划、年度工作计划和工作考核检查内容，定期听取档案机构工作汇报，及时研究解决档案工作中的重大问题，对于档案工作用房、设施设备、档案保护以及信息化建设等，要在单位建设整体规划中统筹考虑，为国土资源档案工作的顺利开展提供人力、财力、物力等方面保障。

（九）加强档案干部队伍建设。各单位要依据国家有关规定和实际需要，配备与事业发展相适应的专（兼）职档案工作人员，为档案干部学习培训、交流任职等创造条件，切实帮助解决实际问题和后顾之忧，保持档案干部队伍相对稳定。对在档案工作中成绩显著、表现突出的单位和个人给予奖励。

（十）加大经费保障力度。各单位要按照中办发〔2014〕15 号文件要求，把档案工作建设经费纳入年度工作预算。按照部门预算编制和管理有关规定，完善投入机制，科学合理核定档案工作经费，将国土资源档案资料征集、接收、保管、利用、数字化及设备购置与维护等方面经费列入本单位财政预算。加强对国土资源档案项目经费的审计督查和绩效考核，确保专款专用。

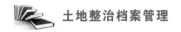

附录 A-2 国土资源部 国家档案局关于印发
《国土资源业务档案管理办法》的通知

（国土资发〔2015〕175号）

各省、自治区、直辖市国土资源主管部门、档案局，新疆生产建设兵团国土资源局、档案局，中国地质调查局及部其他直属单位，各派驻地方的国家土地督察局，部机关各司局：

为进一步加强国土资源业务档案管理工作，根据《中华人民共和国档案法》《中华人民共和国土地管理法》和《中华人民共和国矿产资源法》等相关要求，结合国土资源业务档案形成规律和特点，国土资源部、国家档案局共同制定了《国土资源业务档案管理办法》。现印发你们，请认真遵照执行。

国土资源部 国家档案局

2015 年 12 月 30 日

国土资源业务档案管理办法

第一条 为加强国土资源业务档案管理，确保国土资源业务档案真实、完整、安全与有效利用，根据《中华人民共和国档案法》《中华人民共和国土地管理法》和《中华人民共和国矿产资源法》等法律法规，结合国土资源管理工作实际，制定本办法。

第二条 本办法所称国土资源业务档案，是指在国土资源专项业务活动中形成的具有保存和利用价值的文字、图表、声像、电子文件等不同形式和载体的历史记录。

国土资源业务档案是国家档案的重要组成部分，主要分为土地管理类、地质矿产类、地质环境类、不动产登记类和国土资源执法监察与行政复议诉讼类等五类。

第三条　国土资源业务档案工作实行统一领导、分级管理。国土资源主管部门负责国土资源业务档案工作，依法接受同级档案行政管理部门和上级国土资源主管部门的监督指导。

国土资源部会同国家档案局制定全国国土资源业务档案工作制度，编制相关业务标准和技术规范，组织经验交流与学术研究，并对本系统档案人员进行专业培训等。

各省级国土资源主管部门，可以根据实际情况会同同级档案行政管理部门制定本地区国土资源业务档案管理实施细则，组织经验交流与学术研究，并对本地区档案人员进行专业培训等。

第四条　各级国土资源主管部门应当加强对国土资源业务档案工作的组织领导，明确档案机构，配备专（兼）职人员，保证档案工作用房和经费，配备适应档案管理现代化要求的技术设备。

第五条　国土资源业务档案由县级以上国土资源档案机构集中管理，任何单位和个人不得据为己有或擅自销毁。

第六条　国土资源业务文件材料实行形成部门立卷归档制度。在办理国土资源专项业务过程中，应当按照《国土资源业务文件材料归档范围和档案保管期限表》（附件）要求，及时收集和整理国土资源业务文件材料；档案机构应当做好归档指导工作，确保国土资源业务档案的完整、准确、系统。

第七条　国土资源专项业务活动中形成的文件材料，应当结合业务工作实际，进行定期或实时归档。

在国土资源专项业务活动中形成的电子文件，应当按照《中央办公厅、国务院办公厅关于印发〈电子文件管理暂行办法〉的通知》

（厅字〔2009〕39 号）和《电子文件归档和管理规范》（GB/T 18894）的要求进行整理归档，并对归档电子文件的形成机构、技术特征、内容结构及其管理过程等背景信息与元数据进行相应归档。

第八条 国土资源业务档案应当按照形成规律和特点进行组卷，采用"类别—年度—保管期限"的方法对国土资源业务文件材料进行分类、整理和排列，并及时编制归档文件案卷目录、卷内目录、备考表等。档案机构应当对接收的档案及时进行核查和入库管理。

第九条 国土资源业务档案保管库房应当符合国家有关规定要求，具备防火、防盗、防高温、防潮、防尘、防光、防虫、防磁和防有害气体等保管条件，以维护档案的完整与安全。

第十条 国土资源业务档案的保管期限分为永久、30 年和 10 年三类，各类国土资源业务档案的具体保管期限按照《国土资源业务文件材料归档范围和档案保管期限表》执行。

第十一条 各级国土资源主管部门应当成立档案鉴定小组，对保管期满的国土资源业务档案及时进行鉴定。

鉴定小组由档案机构和形成档案的业务部门有关人员组成。对保管期满，不再具有保存价值、确定销毁的档案，应当清点核对并编制档案销毁清册，经过必要的审批手续后按照规定销毁。

销毁档案应当由两人以上监督进行。监督人员要在销毁清册上签名，并注明销毁的方式和时间。销毁清册永久保存。

第十二条 各级国土资源档案机构应当积极开发国土资源业务档案信息资源，满足各项工作对国土资源业务档案的利用需求。

第十三条 各级国土资源主管部门应当建立健全档案利用制度，并为档案利用创造条件，简化手续，提供方便。

利用档案时应当按照规定办理手续，并及时做好利用登记。

档案管理人员应当认真检查归还档案，如发现有短缺、涂改、污损情况，要及时报告并追查。

第十四条 涉及国家秘密的国土资源业务档案的管理，应当遵守国家有关保密的法律法规。

第十五条 档案管理人员要做好国土资源业务档案实体安全、信息安全等检查工作，及时消除安全隐患，认真记录检查、整改情况。

第十六条 各级国土资源主管部门应当在业务档案管理规范化的基础上，加强档案信息化工作，提高档案管理水平。

第十七条 国土资源业务档案移交按有关规定执行。

第十八条 各级国土资源主管部门应当对在国土资源业务档案收集、整理、归档、保管和利用工作中做出显著成绩的单位和个人，按照有关规定给予表彰奖励。

第十九条 对于违反国家有关规定，拒绝归档或造成国土资源业务档案失真、损毁、泄密、丢失的，依法追究相关人员责任；构成犯罪的，移交司法机关依法追究刑事责任。

第二十条 国土资源业务工作中涉及测绘地理信息、海洋等业务档案的管理，依照国家有关规定执行。

第二十一条 本办法由国土资源部、国家档案局负责解释。

第二十二条 本办法自发布之日起施行。

附件：国土资源业务文件材料归档范围和档案保管期限表

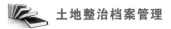

附件：

国土资源业务文件材料归档范围和档案保管期限表

一级	二级	三级	四级	保管期限
土地管理类	土地调查与评价	土地调查	全国土地调查	永久
			土地变更调查	永久
			土地专项调查	永久
		土地利用遥感监测	年度全覆盖土地利用遥感监测	永久
			全天候重点区域土地利用遥感监测	永久
			专项土地利用遥感监测	永久
		城市地价监测	城市监测范围划定	永久
			标准宗地布设	永久
			季度地价调查	永久
		农用地分等定级	耕地质量分等、定级	永久
			耕地质量年度调查评价与监测	永久
	土地利用规划	总体规划	（全国、省、市、县、乡）土地利用总体规划（修编、调整）	永久
		专项规划	区域规划（调整）	永久
			（全国、省、市、县）土地整治规划（调整）	永久
			（全国、省、市、县）基本农田保护规划（调整）	永久
			城乡建设用地增减挂钩项目区规划（调整）	永久
	土地审批	建设用地审批	建设项目用地预审	30 年
			单独选址用地审批	永久
			城市和村庄、集镇用地审批	永久
			临时用地审批	永久
			其他	
	耕地保护	土地整治	土地整治项目	永久
			高标准基本农田	永久
			土地复垦	永久

一级	二级	三级	四级	保管期限
土地管理类	耕地保护	基本农田保护	基本农田划定	永久
			基本农田日常管理	永久
	土地市场	国有建设用地供应	出让、划拨、租赁、作价出资（入股）、其他	永久
			国有土地资产处置	永久
		土地收购储备	计划、收储协议	永久
		地价管理	基准地价	永久
			标定地价	永久
地质矿产类	矿产资源规划	总体规划	（全国、省、市、县）矿产资源总体规划	永久
		专项规划	矿产资源调查评价规划	永久
			地质勘查规划（找矿突破战略行动）	永久
			矿产资源开发利用与保护规划	永久
			重点矿种（类）矿产资源专项规划	永久
			重点区域（矿区）矿产资源专项规划	永久
			矿产地储备	永久
			其他	
	地质调查与勘查	地质勘查资源	新设、延续、变更、补证、注销	10 年
		地质勘查专项	基础地质调查	永久
			油气调查与评价	永久
			矿产勘查（地质勘查基金、境外风险勘查、危机矿山）	永久
			其他	
	勘查、开发、矿产资源审批	探矿权登记（油气、非油气）	新立、变更、延续、保留、注销、试采	永久
		采矿权登记（油气、非油气）	划定矿区范围（非油气）	永久
			新立、变更、延续、注销	永久

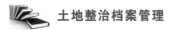

续表

一级	二级	三级	四级	保管期限
地质矿产类	矿产资源储量管理	矿产资源储量评审备案与登记核准	评审备案	永久
			储量登记核准（查明、占用、残留、压覆）	永久
		矿产资源补偿费征收	审核、征收、减免	永久
		矿业权价款评估备案	探矿权价款评估备案	永久
			采矿权价款评估备案	永久
		建设项目压覆重要矿产资源审批	申请、审批、备案	永久
地质环境类	地质环境规划	总体规划	地质环境保护规划	永久
		专项规划	地质遗迹保护规划	永久
			地质公园与矿山公园规划	永久
			古生物化石保护规划	永久
			古生物化石集中产地保护规划	永久
			矿山地质环境保护规划	永久
			地质环境监测规划	永久
			地质灾害防治规划	永久
			地面沉降防治规划	永久
	地质环境管理	地质灾害防治	地质灾害防治资质（新设、延续、变更、注销、遗失补证）申报、审批材料	10年
			获批立项的地质灾害防治项目申报、审批材料	30年
		矿山地质环境保护	获批的矿山地质环境保护与恢复治理方案	永久
			获批立项的矿山地质环境治理项目申报、审批材料	30年
		地质遗迹保护	古生物化石发掘、收藏、流通、进出境审批材料	永久
			地质公园、矿山公园申报、审批材料	永久
			获批的地质遗迹保护项目申报、审批材料	30年
		地质环境监测	地下水、地质灾害、地面沉降、矿山地质环境等监测材料	永久

一级	二级	三级	四级	保管期限
不动产登记类	不动产权籍调查	不动产权属调查	相关文件、材料	永久
		不动产权籍测量	相关文件、材料	永久
	不动产单元登记	集体土地所有权登记	相关文件、材料	永久
		土地以及房屋、林木等定着物登记	相关文件、材料	永久
		海域以及房屋、林木等定着物登记	相关文件、材料	永久
国土资源执法监察与行政复议、诉讼类	执法监察	土地矿产执法监察	土地、矿产卫片检查	永久
			土地、矿产违法案件	永久
	行政复议、诉讼	行政复议案件	告知、不予受理决定、行政复议决定	永久
		诉讼案件	行政应诉案件	永久
			民事案件	永久

附录 A-3　国土资源部办公厅关于印发《国土资源档案工作"十三五"规划》的通知

（国土资厅发〔2016〕47号）

各省、自治区、直辖市国土资源主管部门，新疆生产建设兵团国土资源局，中国地质调查局及部其他直属单位，各派驻地方的国家土地督察局，部机关各司局：

现将《国土资源档案工作"十三五"规划》印发你们，请结合实际，认真贯彻实施。

2016 年 12 月 28 日

国土资源档案（含国家土地督察档案，下同）是指在国土资源管理工作中形成的具有保存和利用价值的文字、图表、声像、电子文件等不同形式和载体的历史记录，在依法行政、资源保护与开发利用等工作中发挥重要作用。"十三五"期间，国土资源档案工作要牢固树立和贯彻落实创新、协调、绿色、开放、共享新发展理念，主动适应国土资源工作发展新形势，抓住机遇，改革创新，为国土资源管理工作提供支撑与服务。

一、发展现状与面临形势

（一）"十二五"时期主要进展。

"十二五"期间，国土资源系统积极贯彻中央办公厅、国务院办公厅《关于加强和改进新形势下档案工作的意见》（中办发〔2014〕

15 号）文件精神，围绕国土资源中心任务，印发了《国土资源部关于进一步加强和做好国土资源档案工作的通知》（国土资发〔2015〕151号），在国土资源档案机构、制度、资源及信息化建设等方面做了大量富有成效的工作，取得一定成绩。

1. 积极推进档案机构建设。国土资源部依托部信息中心和中国地质调查局发展研究中心（全国地质资料馆），为部档案工作提供业务支撑，协助开展国土资源档案的接收、保管、利用及信息化建设等工作。

国家土地总督察办公室在部统一指导下，负责国家土地督察机构档案工作的统筹管理，协调组织国家土地督察机构档案接收、保管、利用及信息化建设等工作。

各省（自治区、直辖市）国土资源主管部门负责本行政区域内国土资源档案的管理工作，其中 15 个省（自治区、直辖市）国土资源主管部门依托所属事业单位建立了档案馆藏机构。

2. 扎实推进档案制度建设。"十二五"期间，国土资源部在已有档案管理制度的基础上，重点加强了业务档案管理工作，与国家档案局联合印发了《国土资源局　国家档案局关于印发〈国土资源业务档案管理办法〉的通知》（国土资发〔2015〕175 号）。

各省（自治区、直辖市）国土资源主管部门均建立了文书、会计、基建等档案管理制度，部分省（自治区、直辖市）结合本地区实际出台了国土资源业务档案管理制度。

3. 稳步推进档案资源建设。依法依规开展国土资源档案接收工作。截至 2015 年年底，部办公厅档案室保管文书、业务、基建、会计、科技档案 15.7 万卷（件），影像档案约 20TB，照片档案约 18 万张；国家土地督察机构归档文书档案约 2.5 万件、专项档案 200 多卷（1 万多件）。

据不完全统计，北京、河北、内蒙古等 13 个省（自治区、直辖市）国土资源主管部门保管档案总计约 160 万卷（件）。

4. 大力推进档案信息化建设。积极开展存量档案数字化工作，部机关馆藏文书档案的数字化率已达 90%，其他档案的数字化率低于 7%；广东省、重庆市已完成全部存量国土资源档案的数字化工作。同时，部机关、各派驻地方的国家土地督察局及部分省（自治区、直辖市）国土资源主管部门积极推进国土资源档案管理系统的建设，如部机关和广东、河北、四川、重庆等省（直辖市）国土资源数字档案馆建设已成为国家档案局或省级试点单位。

5. 持续推进国土资源档案利用工作。围绕国土资源管理中心工作，持续开展档案服务利用工作，"十二五"期间，省级以上国土资源档案机构提供服务利用总计约 10 万人次、20 多万件次，主要用于国土资源决策支撑、大事记及名人传记编写、宣传教育、审计、纪检监察、巡视及公检法办案等。

（二）面临形势与挑战。

开放政府和信息技术发展将档案工作推到政府治理和公共服务的重要位置。电子政务建设极大地推进和实现了电子档案的形成、管理；档案信息化与互联网利用成为发展趋势；云计算、大数据和移动网络技术的发展，给国土资源档案信息安全带来挑战。国土资源档案工作是国土资源工作的重要组成部分，是国土资源管理服务大局、服务经济、服务民生的有力支撑；"四个全面"战略布局、国家大数据发展战略和"互联网＋"行动计划的推进，深刻影响国土资源档案工作的理念、技术、方法及模式；国土资源档案日益成为国家档案资源的重要组成部分，将在国土资源管理工作、服务型政府建设、推进政务公开中发挥重要作用。

面对新形势、新任务、新要求，国土资源档案工作还存在着一些亟待解决的问题，诸如体制机制不完善，档案工作重视程度不够，档案机构不健全，部分省份尚未实现国土资源档案集中统一管理，国土资源业务档案及重大项目档案未纳入管理范围；国土资源业务档案管理制度及标准建设滞后，急需健全完善国土资源档案管理制度及标准体系；信息化建设发展不平衡，地区间差异大，与国家档案信息化建设要求相比还有差距；国土资源档案服务方式单一，开发利用程度低；国土资源档案基础保障能力不足，安全管理设施设备不完善等。

在履行尽职尽责保护国土资源、节约集约利用国土资源、尽心尽力维护群众权益国土资源工作职责定位中，国土资源档案工作任重道远，要切实履行档案管理职责，实现档案工作与国土资源工作同规划、同部署、同落实，不断提升国土资源档案工作水平与服务能力。

二、指导思想和发展目标

（一）指导思想。

全面贯彻党的十八大和十八届三中、四中、五中、六中全会精神，以马克思列宁主义、毛泽东思想、邓小平理论、"三个代表"重要思想、科学发展观为指导，深入贯彻习近平总书记系列重要讲话精神，按照统筹推进"五位一体"总体布局和协调推进"四个全面"战略布局的要求，牢固树立和贯彻落实创新、协调、绿色、开放、共享新发展理念，以服务国土资源事业改革发展为中心，以推动国土资源档案工作科学发展为目标，建立健全覆盖全部国土资源工作的档案资源体系、方便管理服务的档案利用体系和确保档案安全保密的档案安全体系，进一步完善档案工作体制机制，加大对档案工作的支持力度，推动国土资源档案事业全面、协调、可持续发展，更好地为国土资源事业提供优质服务。

国土资源档案工作必须坚持以下基本原则：

——坚持统筹规划。坚持统筹规划国土资源系统档案工作，不断完善党政领导、档案机构归口负责、各方面共同参与的国土资源档案工作体制，紧紧围绕国土资源中心工作推进国土资源档案事业健康发展。

——坚持夯实基础。注重协调、持续、健康发展，着力解决国土资源档案工作中的薄弱环节和重点难点问题，加强基础业务建设，全面推动国土资源档案馆（库）标准化规范化建设。

——坚持安全第一。把档案安全摆在国土资源档案工作的重要位置，坚持实体安全与信息安全并重，切实提升安全保障能力，牢牢守住档案安全底线。

——坚持科学管理。加强国土资源档案科学管理工作，健全完善国土资源法规制度标准体系，充分利用现代信息技术，实现国土资源档案科学化管理。

——坚持服务优先。把服务作为国土资源档案工作的落脚点，坚持服务优先，以开放、共享的理念，积极构建国土资源档案管理与服务新格局，努力满足各方面需求，更好地为国土资源事业发展服务。

（二）发展目标。

到 2020 年，基本建成与国土资源事业科学发展相适应，有效服务和支撑国土资源业务管理的国土资源档案资源、利用及安全体系，初步实现国土资源档案管理现代化。

——档案制度标准化。基本形成较为完整的国土资源档案管理制度及标准体系，不断完善国土资源档案工作体制机制，实现国土资源档案制度化、标准化及规范化管理。

——档案资源多样化。依法管理国土资源档案资源，各级国土资源主管部门及所属单位档案实现应归尽归、应收尽收；加强重大活动、重大项目形成档案的收集整理及归档工作，建立满足需求的国土资源档案资源体系。

——档案利用便捷化。依法做好国土资源档案利用服务工作，不断创新服务模式，积极推进国土资源档案信息整合和信息开放，建立方便快捷的国土资源档案利用体系。

——档案管理信息化。全面推进国土资源档案资源存量数字化、增量电子化、利用网络化；创新档案信息化管理模式，加快与信息社会融合，明显提升国土资源档案管理信息化水平。

——档案安全高效化。完善档案安全的基本条件和应急、灾备机制，健全人防、物防、技防"三位一体"的安全防范体系，全面提升档案网络和信息系统风险管理能力。

——档案队伍专业化。加强国土资源档案工作人员业务培训，健全完善档案人员评价考核体系，探索并推行档案人员持证上岗制度，培养一支专业化的国土资源档案管理队伍。

三、主要任务和指标

（一）全面推进国土资源档案制度及标准体系建设。

1. 科学规划和推进国土资源档案制度及标准体系建设。研究提出国土资源档案制度及标准体系框架，健全完善国土资源档案管理相关制度及标准。制修订国土资源机关档案管理制度、《国土资源业务档案管理办法》实施细则、国土资源档案馆（室）相关制度、国土资源数字档案馆相关制度及标准等。

2. 抓好制度标准宣传贯彻，增强档案意识。加大国土资源档案管理制度及标准的宣传力度，增强各级干部档案意识，明确责任，坚持"谁形成谁收集、谁立卷谁归档"的原则，及时完成文件材料的归档和移交工作，根据国家相关标准要求，全面改善国土资源系统档案管理基础设施及保管条件，实现国土资源档案制度化、标准化及规范化管理。

3. 加强国土资源档案工作的业务指导和监督检查。部办公厅作为国土资源档案管理职能部门，要依法加强对部机关、直属单位和国家土地督察机构档案工作的业务指导和监督检查，统一管理部机关全部档案；指导国家土地总督察办公室具体统筹和组织国家土地督察机构做好土地督察档案的收集、整理、保管和利用工作；加强对各省（自治区、直辖市）国土资源主管部门的国土资源业务档案工作的指导，统一国土资源系统档案工作制度及标准体系，实现国土资源档案管理工作规范化。各省（自治区、直辖市）国土资源主管部门要加强档案管理工作，明确档案管理和馆藏机构，加强对本行政区域内国土资源业务档案工作的指导、监督和检查，做好国土资源档案的收集、整理、保管和利用工作。

（二）有效推进国土资源档案资源体系建设。

4. 丰富和优化档案馆藏。深入贯彻《国土资源部办公厅关于印发〈国土资源部机关档案管理规定〉和〈国土资源部文书档案保管期限表〉的通知》（国土资厅发〔2009〕56号）和国土资发〔2015〕175号文件，依法依规开展文书档案和业务档案的接收工作，做到国土资源档案应归尽归，应收尽收。各级国土资源主管部门应当成立档案鉴定机构，按照国家档案局有关规定，开展相关鉴定、销毁与移交工作，不断优化档案馆藏。

5. 加强档案基础工作管理。继续落实《机关文件材料归档范围和文书档案保管期限规定》（国家档案局令第8号）；认真贯彻《归档文件整理规则》（DA/T 22—2015）、《数字档案馆建设指南》（档办〔2010〕116号）等文件精神，推动各单位完善综合档案管理办法，建立健全机关档案工作制度体系；制定国土资源系统档案目录缴送备案制度、文件归档范围和文书档案保管期限表审批制度，进一步规范国

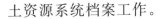

土资源系统档案工作。

6. 开展国土资源业务档案清理及接收工作。依据国土资发〔2015〕175号文件开展国土资源业务档案的接收工作。部、省两级国土资源主管部门要对文件出台前机关及直属单位、国家土地督察机构形成的国土资源业务档案进行清理，明确需要归档的重要业务档案范围及数量，制定国土资源业务档案归档计划，分期分批接收业务档案，不断丰富国土资源档案资源。

7. 加强对项目档案的归档管理。从国土资源管理工作的实际需要出发，积极探索国土资源重大活动、重大项目及科技档案管理的工作思路及方法，加强监督指导，加大档案归档验收力度，实现项目档案的规范化管理。

（三）积极推进国土资源档案利用体系建设。

8. 积极推进国土资源档案依法提供利用。落实政府信息公开和国土资源档案保密的相关政策，明确各级国土资源档案馆（室）提供利用服务的权力和责任，推进馆藏国土资源档案的依法利用。

9. 不断提高国土资源档案公共服务能力。开展国土资源档案服务研究，不断创新服务形式，充分利用展览、网络、新媒体等多种途径，改进查阅方式，简化查阅手续，优化工作流程，最大限度地为利用者提供便利。

10. 加大国土资源档案开发力度。以国土资源管理工作需求为导向，加大国土资源档案的开发力度，把"死档案"变成"活信息"，形成深层次、高质量的国土资源档案编研成果，更好地为依法行政、领导决策、政策研究等提供参考和依据。

（四）加快国土资源档案管理信息化进程。

11. 加快推进数字档案馆（室）建设。将国土资源档案信息化工作纳入国土资源信息化战略，统一规划，统筹推进，加快国土资源数字档案馆（室）建设。部、省两级国土资源档案馆（室）应充分依托"国土资源云"技术框架体系，积极采用大数据、智慧管理等技术，初步建成覆盖收集、整理、保管和利用全流程的功能完善、安全稳定、性能良好、方便易用的国土资源档案管理系统。积极开展国土资源档案数字化、电子化工作，力争到2020年，县级以上国土资源档案馆（室）馆藏永久文书档案数字化率达到50％以上，永久业务档案数字化率达到10％以上；有条件的单位要逐步实现业务系统中电子文件的归档移交。

12.加快提升电子档案管理水平。开展国土资源电子档案生成、收集、整理、鉴定、归档、利用、保管、销毁的全过程管理研究，明确各类办公系统、业务系统产生的电子文件归档范围和电子档案的构成要求，加强各类业务系统电子文件的归档管理；在有条件的单位开展电子档案单轨制（即不再生成纸质档案）管理试点；探索电子档案与大数据行动的融合，逐步提升电子档案管理水平。

13.加快推进国土资源档案信息资源共享。以实现档案信息资源共享为目标，统筹协调，全面整合国土资源系统的档案目录及数字资源，搭建"一站式"国土资源档案信息资源共享和服务平台，利用国家电子政务网、各级国土资源门户网站，为政府部门、企事业单位及社会公众提供全方位的国土资源档案信息服务，积极推进档案信息资源共享。

（五）强力推进国土资源档案安全体系建设。

14.加强国土资源档案基础设施建设。各级国土资源主管部门要依据《档案馆建设标准》（建标103—2008）及《档案馆建筑设计规范》（JGJ 25—2010）要求，新建或改建国土资源档案馆库房，配备必要的消防、监控、温湿度控制等设施设备，全面改善国土资源档案馆（室）硬件条件。

15. 确保档案实体与信息安全。完善档案库房安全管理制度，加强档案库房的安全管理和检查；严格执行国家保密制度，完善档案信息公开发布保密审查程序；建立档案数据安全管理制度，保障安全高效可信应用；加强档案信息资源在公开共享等环节的安全评估与保护；加强对涉密信息系统、涉密计算机和涉密载体管理，强化涉密人员保密意识；建立健全人防、物防、技防"三位一体"的档案安全防范体系。改善档案库房环境，加强档案保护修复；以容灾为目标，制定相关标准和规范，开展数字化档案资源异地异质备份；制定数字档案馆（室）应急处理预案，加强演练，提高应对突发事件的应急指挥和处置能力。

（六）加强国土资源档案队伍建设。

16. 建立档案干部培养和激励机制。坚持正确用人导向，建立合理的激励机制，完善国土资源档案业务培训的长效机制，不断提高档案人员的业务素质和能力，为国土资源档案事业可持续发展提供人才保障。

四、保障措施与实施建议

（一）组织实施。

各级国土资源主管部门要积极推进本规划的组织实施，加大人、财、物的投入力度。完善规划实施和评估机制，开展国土资源档案工作专项检查，保障规划目标和任务的完成。各省（自治区、直辖市）国土资源主管部门要结合本地区实际，细化落实规划提出的主要任务。要围绕档案事业发展关键领域和薄弱环节，着力解决突出问题，形成落实《规划》的重要支撑和抓手。

（二）统筹规划。

各级国土资源主管部门要加强对国土资源档案工作的协调、指导和监督工作。各单位要切实把国土资源档案工作纳入本单位发展规划、年度工作计划和工作考核检查内容，定期听取档案部门工作汇报，及时研究并协调解决档案工作中的重大问题，对于档案工作用房用地、设施设备、档案保护以及信息化建设等，要在单位建设整体规划中统筹考虑，为国土资源档案工作的顺利开展提供人力、财力、物力保障。

（三）人才培养。

各单位要依据国家有关规定和实际需要，配备与档案事业发展相适应的专（兼）职档案工作人员，重视档案工作人员的继续教育和职业发展，为档案工作人员学习培训创造条件，帮助解决实际问题和后顾之忧，保持档案人才队伍相对稳定。对在档案工作中成绩显著、表现突出的单位和个人给予奖励。

（四）经费保障。

各单位要认真贯彻落实中办发〔2014〕15号文件精神，按照部门预算编制和管理有关规定，科学合理核定档案工作经费，将国土资源档案资料征集、安全保密、数字化、现代化管理、提供利用及设备购置和维护等方面经费列入同级财政预算。加强对国土资源档案项目经费的管理，确保专款专用，提高资金使用效率。

（五）强化落实。

国土资源档案工作要在明确责任、狠抓落实上下功夫。各单位要把国土资源档案工作列入年度重要工作及绩效考核；把国土资源档案管理信息化建设列入各级国土资源信息化建设整体规划统筹安排，加快国土资源档案管理信息化进程。

附录 A‑4　土地整治档案管理指南

第一章　总　　则

第一条　为加强全国土地整治档案管理工作，有效提高土地整治档案质量，实现全国土地整治档案工作范围全面、程序统一、齐全有效、管理科学的目标，依据《中华人民共和国档案法》《国土资源部关于进一步加强和做好国土资源档案工作的通知》（国土资发〔2015〕151号）及《国土资源部　国家档案局关于印发〈国土资源业务档案管理办法〉的通知》（国土资发〔2015〕175号）等法规及文件规定，结合土地整治项目实际，编制本《指南》。

第二条　土地整治档案是指各类土地整治项目从立项、实施到验收全过程中形成的具有保存价值的文字、图表、声像、电子文件等不同形式和载体的历史记录。

第三条　各级各类土地整治项目均适用本《指南》。

第二章　管　理　职　责

第四条　各级土地整治机构管理职责。

（一）国土资源部土地整治中心承担全国土地整治档案制度建设、标准建立、监督和指导、培训、提供利用服务、国家级土地整治项目成果资料及电子档案的接收和保管等职责；

（二）省级土地整治机构承担本省（自治区、直辖市）土地整治档案制度建设、标准建立、监督和指导、培训、提供利用服务、国家级土地整治项目成果资料编制、国家级土地整治项目省级材料的归档和保管、省级土地整治项目材料的归档和保管等职责；

（三）市级土地整治机构承担本市（区）土地整治档案制度建设、监督和指导、提供利用服务、国家级土地整治项目市级材料的归档和保管、省级土地整治项目材料的归档和保管、市级土地整治项目材料的归档和保管等职责；

（四）县级土地整治机构承担本县（市、区）土地整治档案制度建设、提供利用服务、国家级土地整治项目全部材料的归档和保管、省级土地整治项目材料的归档和保管、市级土地整治项目材料的归档和保管、县（市、区）级土地整治项目材料的归档和保管等职责。

第三章　土地整治档案管理

第五条　各级土地整治机构应建立健全土地整治档案管理制度。

第六条　各级土地整治机构应设立档案室，原则上要指定一名在编专职档案管理员，做好土地整治档案资料的接收、检查、登记、归档、保管、统计、利用、鉴定销毁以及档案实体安全、信息安全等管理工作。

第七条　各级土地整治机构应将土地整治档案管理工作发展和档案软硬件建设列入所在机构发展计划，积极申请落实相关工作经费，确保土地整治档案管理工作正常开展。

第八条　有条件的单位可自行设立库房保管档案，无条件的单位可移交本地区国土资源档案部门或当地档案馆。

第九条　对于涉密土地整治项目档案的管理，应遵守国家有关保密的法律法规。

第四章　土地整治档案类别及保管期限

第十条　现有土地整治档案类别：

（一）国家投资土地开发整理项目档案；

（二）土地整治重大工程建设项目档案；

（三）农村土地整治示范省建设项目档案；

（四）高标准农田项目档案；

（五）山水林田湖草生态保护修复工程项目档案；

（六）省级以下土地整治项目档案；

（七）土地复垦方案档案；

（八）采矿用地方式改革试点方案档案；

（九）工矿废弃地复垦利用试点专项规划档案；

（十）耕地质量等级调查评定与监测档案；

（十一）城乡建设用地增减挂钩项目档案；

（十二）土地整治规划档案；

（十三）土地整治科技档案。

以上各类项目档案类别及保管期限详见附件1。

第十一条　国家级各类土地整治项目依据《国土资源部　国家档案局关于印发〈国土资源业务档案管理办法〉的通知》（国土资发〔2015〕175号）文件要求，保管期限一律为永久。省级以下土地整治项目保管期限分为永久、30年和10年，各级土地整治机构可视项目情况具体划分保管期限。

第十二条　档案保管期限是以档案种类为单位划定的，不得以档案中材料类别进行保管期限划定。

第五章　土地整治档案收集

第十三条　各省（自治区、直辖市）土地整治机构应以《土地整治档案资料归档范围和保管期限表》（见附件1）为基础，以项目材料齐全完整为原则，视本地区土地整治项目材料实际情况进行收集归档。

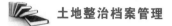

第十四条 各类土地整治项目材料归档范围包括项目立项、实施、验收整个过程的纸质文本材料、图件材料、电子文档、声像资料等。

第十五条 档案收集是档案管理工作的重要环节，所收集的土地整治项目材料应完整、齐全，确保档案真实、有效。

第六章 土地整治档案整理方法

第十六条 根据土地整治档案资料的规律和特点，以方便整理归档和利用为原则，采用"项目类别—年度—保管期限"的方法进行分类、整理和排列。

第十七条 整理规则：按照文件、文本、图册、图纸的顺序将所有材料排序；文件材料需编写页码；散图需编号；所有档案材料需加盖档案专用章（档案专用章自行制作）；录入档案管理软件（档案专用管理软件或 EXCEL）中，编制档案卷内目录（见附件 2，仅供参考）、案卷目录（见附件 3，仅供参考）及备考表（见附件 4，仅供参考）；打印卷内目录并装于档案盒内；将档案资料装盒并在档案盒上填写相应内容；按年度打印案卷目录并装订。

第七章 土地整治档案质量要求

第十八条 材料质量要求：纸质材料包括 A4 或 A3 标准纸张或文本册，以及图册或散图。A3 纸张材料应折叠成 A4 纸大小，散图应折叠成 A4 纸大小，图面折在里，图签折在外，不易折叠的图件应附项目名称标签。对于有破损的材料应予修裱。所有材料归档时应去除塑料材质封皮。

第十九条 书写质量要求：文件应使用铅笔在页面右下角编写页码（空白页不编），散图编号应使用碳素墨水笔，档案盒书写应用碳素墨水笔，禁止用圆珠笔、彩色笔书写。字迹应工整，字体不宜过小。

第二十条　装订质量要求：装订不得使用易锈蚀的金属物或塑料制品，可用不锈钢订书钉或棉线装订。档案装具应采用专用档案盒、档案袋。

第二十一条　电子文件质量要求：

（一）电子文件指在数字设备及环境中生成，以数码形式存储于磁带、磁盘、光盘等载体，依赖计算机等数字设备阅读、处理，并可在通信网络上传送的文件。

（二）文字型电子文件以 DOC、TXT、XLSX 为通用格式；扫描型电子文件以 JPEG、DBF、TIFF 为通用格式；视频和多媒体电子文件以 MPEG、AVI 为通用格式；音频电子文件以 WAV、MP3 为通用格式；图件使用通用地理信息系统或位图软件格式存储。

（三）电子媒介（电子光盘）归档时，必须无划痕，无病毒，电子文件信息应与相应的纸质文件内容相同，可读、可拷贝并外有标注，有条件的单位，应将电子档案双份异地存储。

第八章　土地整治档案信息化

第二十二条　在实物档案管理规范化基础上，加强档案资料信息化建设和管理，运用档案管理软件、媒资管理软件等信息技术提升档案工作现代化水平，提高工作效率。

第二十三条　各单位根据本单位人、财、物条件，按照规范性、安全性、实效性原则，开展土地整治档案资料数字化工作。

第二十四条　各单位可根据工作需要开展档案资料相关管理系统的研发工作。

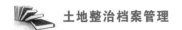

第九章 土地整治声像档案管理

第二十五条 本《指南》所指声像档案是指在土地整治项目管理工作中形成的具有重大意义、保存价值和利用价值的声像资料。

第二十六条 声像资料应与项目材料的归档和管理保持一致，及时收集、归档。

第二十七条 编制声像档案命名规则，以方便管理和查找为编制原则。声像档案命名规则构成要素（仅供参考）：年度、机构号、保管期限、档案号等，各单位可根据档案不同情况设定构成要素。

第二十八条 对声像资料进行收集、分类登记后，归档时应在声像档案清单（自行设计）中标明声像资料的题名、编号、时间、摄录者及简要文字说明。涉密声像档案应标注密级。

第二十九条 对反映同一内容的若干声像资料，应选择其中具有代表性和典型性的声像资料归档，所选声像资料应能反映该项活动的全貌，且主题鲜明，影像清晰、完整。反映同一场景的声像资料一般只归档一件。

第三十条 直接摄录形成的原始声像资料，除调整亮度、对比度、饱和度等为提高画面质量、增强画面效果的处理外，一般不能进行修改。经过添加、合成、挖补等方法处理过的声像资料不能归档。

第三十一条 归档的声像资料应采用通用数字格式，其中数码照片不小于3MB/幅。

第十章 土地整治档案利用

第三十二条 各级土地整治机构应建立档案利用制度，规范档案查借阅工作，尽量简化手续，为档案利用提供方便。

第三十三条 严禁在查阅、借阅的档案资料上批注、涂改、圈点、折叠、污损。归还档案资料时，档案管理人员要认真检查、核对，验收签字后注销借阅记录。曾办理过借阅的单位工作人员在调离单位时，借出的档案资料应全部归还后方可办理相关手续。

第十一章　土地整治档案鉴定与销毁

第三十四条　各级土地整治机构应当成立档案鉴定小组，鉴定小组由档案机构和形成档案的业务部门有关人员组成，鉴定小组负责鉴定并提出处理意见。

第三十五条　对经鉴定可以销毁的档案资料，档案部门应当清点核对并编制销毁清册，报单位领导或上级业务主管部门批准后销毁。未经鉴定和批准，不得销毁。

第三十六条　销毁档案应当由两人以上监督进行。监督人员应在销毁清册上签名，并注明销毁的方式和时间，销毁清册作为义书档案永久保存。

第十二章　库　房　管　理

第三十七条　库房内要严格遵守"八防"（防火、防潮、防尘、防虫、防鼠、防盗、防高温、防强光）原则，库房内的温度应控制在 $14\sim24℃$，相对湿度应控制在 $45\%\sim60\%$。

第三十八条　档案库房是保存档案资料的专用场所，非档案资料管理人员未经许可不得入内；档案资料管理人员为库房安全具体责任人，负责库房内的安全工作，定期检查库房的安全，发现不安全因素及时排除，若个人无法排除，应及时向领导汇报予以解决。

第十三章　奖　　惩

第三十九条　各级土地整治机构应对在土地整治档案收集、整

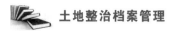

理、归档、保管和利用工作中成效显著的单位或个人，按照本地区有关规定给予表彰奖励。

第四十条 任何单位和个人不得将土地整治档案资料据为己有或拒绝归档。对于违反有关规定，造成档案资料失真、损毁、丢失、泄密等重大损失的单位和个人，依法追究相关人员责任；构成犯罪的，移交司法机关依法追究刑事责任。

附件 1：

土地整治档案资料归档范围与保管期限表

一、国家投资土地开发整理项目档案（保管期限：永久）

（一）项目申报、立项资料

1. 项目申报入库（备案）文件；

2. 项目建议书及申报文件；

3. 项目批复文件；

4. 可行性研究报告；

5. 可行性研究报告专家评审意见；

6. 规划设计文本、预算书及图册；

7. 实施方案；

8. 预算批复、拨付文件；

9. 相关电子文档；

10. 其他资料。

（二）项目管理资料

1. 管理资料（计划、总结、报告、通知、请示、批复等）；

2. 招投标资料（招标公告、招标文件、投标文件、评标报告、中标通知书、合同等）；

3. 施工资料（施工组织设计、施工方案、施工日志、施工月报、工程质量检验与评定资料、工程计量资料、材料及构配件检测资料、施工管理工作报告等）；

4. 监理资料（监理规划、监理细则、监理日志、监理月报、质量控制资料、进度控制资料、投资控制资料、监理工作总结、质量评估报告等）；

5. 权属管理资料（权属调整公告、权属调整方案、权属调整协议、权属调整管理工作报告、地籍变更资料等）；

6. 财务资料（竣工决算资料、财务审计资料等）；

7. 验收资料（决算报告、审计报告、竣工验收申请、竣工验收报告、竣工图等）；

8. 声像资料（照片、视频等）；

9. 其他资料（工程管护资料、稽查核查资料、新增耕地测算资料、电子文档等）。

二、土地整治重大工程项目档案（保管期限：永久）

（一）项目申报、立项资料

1. 重大工程项目申报、立项的重要文件；

2. 重大工程项目涉及的土地开发批复文件；

3. 财政部、国土资源部（以下简称"两部"）评审论证资料；

4. 省级相关部门（农业、环境保护、林业、交通、水利等）论证意见；

5. 省级水主管部门用水许可文件；

6. 可行性研究报告；

7. 可行性研究报告省级专家评审论证意见；

8. 环境影响评价报告及省级环境主管部门的审批意见；

9. 项目预算书；

10. 项目区现场影像资料；

11. 征求群众意见的有关书面资料；

12. 省级部门现场踏勘报告；

13. 编制单位资质证书；

14. 典型区设计报告；

15. 备选附件：水资源论证分析报告、水土保持方案、新增耕地分析报告、土地清查报告；

16. 相关电子文档；

17. 附图：

（1）重大工程项目片区现状图；

（2）重大工程项目片区规划图；

（3）典型区现状图；

（4）典型区规划图；

（5）骨干工程设计图册；

（6）田间工程典型设计图册。

18. 其他资料。

（二）年度方案资料

1. 两部年度评估资料；

2. 省级国土资源、财政部门上报两部的文件；

3. 年度实施方案；

4. 年度实施省级评估报告；

5. 子项目规划设计、预算、图件资料；

6. 省组织的子项目规划设计、预算专家评审论证意见；

7. 年度实施进展情况表；

8. 年度实施方案基本信息表；

9. 依托骨干水利等基础设施工程的，附基础设施工程进展情况；

10. 相关电子文档；

11. 其他资料。

（三）项目管理资料

1. 管理资料（计划、总结、报告、通知、请示、批复等）；

2. 招投标资料（招标公告、招标文件、投标文件、评标报告、中标通知书、合同等）；

3. 施工资料（施工组织设计、施工方案、施工日志、施工月报、工程质量检验与评定资料、工程计量资料、材料及构配件检测资料、施工管理工作报告等）；

4. 监理资料（监理规划、监理细则、监理日志、监理月报、质量控制资料、进度控制资料、投资控制资料、监理工作总结、质量评估报告等）；

5. 权属管理资料（权属调整公告、权属调整方案、权属调整协议、权属调整管理工作报告、地籍变更资料等）；

6. 财务资料（竣工决算资料、财务审计资料等）；

7. 验收资料（决算报告、审计报告、工程复核报告、竣工验收申请、竣工验收报告、竣工图等）；

8. 声像资料（照片、视频等）；

9. 其他资料（工程管护资料、稽查核查资料、新增耕地测算资料、电子文档等）。

三、农村土地整治示范省建设项目档案（保管期限：永久）

（一）项目申报、立项资料

1. 两部评审论证资料；

2. 省级财政厅、国土资源厅上报的文件；

3. 总体方案；

4. 新增耕地来源分析；

5. 项目估算编制依据与说明；

6. 示范建设基本信息表；

7. 相关电子文档；

8. 农村土地整治示范项目：

（1）农村土地整治示范项目实施方案；

（2）示范项目基本信息表。

9. 土地整治重大工程项目：

（1）省级人民政府关于土地整治重大工程的立项批复文件；

（2）重大工程可行性研究报告；

（3）省级人民政府组织的土地整治重大工程项目专家评审论证意见，省级农业、林业、水利、环保等有关部门评估论证意见；

（4）甲级资质单位编制的环境影响评价报告和水土资源供需平衡分析报告；

（5）重大项目位置图、现状图和规划图，各片区现状图和规划图，比例尺不小于 1∶50000；

（6）重大工程基本信息表。

10．其他材料。

（二）年度方案资料

1．两部年度评估资料；

2．省级国土资源、财政部门上报两部的文件；

3．年度实施方案；

4．年度实施省级评估报告；

5．子项目规划设计、预算、图件资料；

6．省组织的子项目规划设计、预算专家评审论证意见；

7．年度实施进展情况表；

8．年度实施方案基本信息表；

9．依托骨干水利等基础设施工程的，附基础设施工程进展情况；

10．相关电子文档；

11．其他资料。

（三）项目管理资料

1．管理资料（计划、总结、报告、通知、请示、批复等）；

2．招投标资料（招标公告、招标文件、投标文件、评标报告、中标通知书、合同等）；

3. 施工资料（施工组织设计、施工方案、施工日志、施工月报、工程质量检验与评定资料、工程计量资料、材料及构配件检测资料、施工管理工作报告等）；

4. 监理资料（监理规划、监理细则、监理日志、监理月报、质量控制资料、进度控制资料、投资控制资料、监理工作总结、质量评估报告等）；

5. 权属管理资料（权属调整公告、权属调整方案、权属调整协议、权属调整管理工作报告、地籍变更资料等）；

6. 财务资料（竣工决算资料、财务审计资料等）；

7. 验收资料（决算报告、审计报告、工程复核报告、竣工验收申请、竣工验收报告、竣工图等）；

8. 声像资料（照片、视频等）；

9. 其他资料（工程管护资料、稽查核查资料、新增耕地测算资料、电子文档等）。

四、高标准农田建设项目档案（保管期限：永久）

（一）项目申报、立项资料

1. 相关文件（任务下达通知等）；

2. 年度计划；

3. 年度实施方案；

4. 项目建议书及申报文件；

5. 项目批复文件；

6. 现场踏勘报告；

7. 可行性研究报告；

8. 可行性研究报告专家评审意见；

9. 规划设计文本、预算书及图册；

10. 预算批复、拨付文件；

11. 相关电子文档；

12. 其他资料。

（二）项目管理资料

1. 管理资料（计划、总结、报告、通知、请示、批复等）；

2. 招投标资料（招标公告、招标文件、投标文件、评标报告、中标通知书、合同等）；

3. 施工资料（施工组织设计、施工方案、施工日志、施工月报、工程质量检验与评定资料、工程计量资料、材料及构配件检测资料、施工管理工作报告等）；

4. 监理资料（监理规划、监理细则、监理日志、监理月报、质量控制资料、进度控制资料、投资控制资料、监理工作总结、质量评估报告等）；

5. 权属管理资料（权属调整公告、权属调整方案、权属调整协议、权属调整管理工作报告、地籍变更资料等）；

6. 财务资料（竣工决算资料、财务审计资料等）；

7. 验收资料（决算报告、审计报告、工程复核报告、竣工验收申请、竣工验收报告、竣工图等）；

8. 声像资料（照片、视频等）；

9. 其他资料（工程管护资料、稽查核查资料、新增耕地测算资料、电子文档等）。

五、山水林田湖草生态保护修复工程项目档案（保管期限：永久）

（一）项目申报、立项资料

1. 项目批复文件；

2. 项目申报文件；

3. 实施方案；

4. 图册；

5. 相关电子文档；

6. 其他资料。

（二）项目管理资料

1. 管理资料（计划、总结、报告、通知、请示、批复、会议等）；

2. 招投标资料（招标公告、招标文件、投标文件、评标报告、中标通知书、合同等）；

3. 施工资料（施工组织设计、施工方案、施工日志、施工月报、工程质量检验与评定资料、工程计量资料、材料及构配件检测资料、施工管理工作报告等）；

4. 监理资料（监理规划、监理细则、监理日志、监理月报、质量控制资料、进度控制资料、投资控制资料、监理工作总结、质量评估报告等）；

5. 权属管理资料（权属调整公告、权属调整方案、权属调整协议、权属调整管理工作报告、地籍变更资料等）；

6. 财务资料（竣工决算资料、财务审计资料等）；

7. 验收资料（决算报告、审计报告、工程复核报告、竣工验收申请、竣工验收报告、竣工图等）；

8. 声像资料（照片、视频等）；

9. 其他资料（工程管护资料、稽查核查资料、新增耕地测算资料、电子文档等）。

六、省级以下土地整治项目档案（保管期限：自行制定）

（一）项目申报、立项资料

1. 项目建议书及申报文件；

2. 项目批复文件；

3. 现场踏勘报告；

4. 可行性研究报告；

5. 可行性研究报告专家评审意见；

6. 规划设计文本、预算书及图册；

7. 预算批复、拨付文件；

8. 相关电子文档；

9. 其他资料。

（二）项目管理资料

1. 管理资料（计划、总结、报告、通知、请示、批复等）；

2. 招投标资料（招标公告、招标文件、投标文件、评标报告、中标通知书、合同等）；

3. 施工资料（施工组织设计、施工方案、施工日志、施工月报、工程质量检验与评定资料、工程计量资料、材料及构配件检测资料、施工管理工作报告等）；

4. 监理资料（监理规划、监理细则、监理日志、监理月报、质量控制资料、进度控制资料、投资控制资料、监理工作总结、质量评估报告等）；

5. 权属管理资料（权属调整公告、权属调整方案、权属调整协议、权属调整管理工作报告、地籍变更资料等）；

6. 财务资料（竣工决算资料、财务审计资料等）；

7. 验收资料（决算报告、审计报告、工程复核报告、竣工验收申请、竣工验收报告、竣工图等）；

8. 声像资料（照片、视频等）；

9. 其他资料（工程管护资料、稽查核查资料、新增耕地测算资料、电子文档等）。

七、土地复垦方案档案（保管期限：永久）

（一）国土资源部耕地司复函；

（二）土地复垦方案文本；

（三）相关图件（比例尺不小于 1：10000 的复垦区土地利用现状图、复垦区土地损毁预测图、复垦区土地复垦规划图及其他相关图件）；

（四）会议资料（咨询论证专家修改意见、咨询论证结论、专家签名表、企业签名表）；

（五）验收资料；

（六）其他资料（如电子文档等）。

八、采矿用地方式改革试点方案档案（保管期限：永久）

（一）国土资源部办公厅关于采矿用地方式改革的复函；

（二）采矿用地方式改革试点方案文本；

（三）相关图件（标注矿区位置和试点范围的土地利用现状图、拟开展试点矿区所在地的土地利用总体规划图、拟开展试点范围和时限内土地损毁预测图、拟开展试点范围和时限内土地复垦规划图及其他相关图件）；

（四）拟开展试点矿区的采矿许可证副本复印件；

（五）验收资料；

（六）其他有关资料（如电子文档等）。

九、工矿废弃地复垦利用试点专项规划档案（保管期限：永久）

（一）国土资源部复函；

（二）规划文本及专家评审意见；

（三）相关图件（工矿废弃地复垦现状图、工矿废弃地复垦利用规划图及其他相关图件）；

（四）验收资料；

（五）其他有关资料（如电子文档等）。

十、耕地质量等级调查评定与监测档案（保管期限：永久）

（一）国家级成果

1. 耕地质量等级调查评价与监测报告；

2. 耕地质量等级数据库；

3. 外协项目研究报告等；

4. 其他资料。

（二）省级成果

1. 耕地质量等级调查评价与监测报告；

2. 耕地质量等级调查评定与监测数据表册；

3. 其他有关材料（如电子文档等）；

4. 其他资料。

（三）县级成果

1. 耕地质量等级调查评价与监测报告；

2. 耕地质量等级调查评价与监测数据库；

3. 耕地质量等级调查评定数据表册；

4. 其他资料。

十一、城乡建设用地增减挂钩试点项目档案（保管期限：永久）

（一）实施规划文本；

（二）规划设计图件；

（三）项目立项资料（立项报告、资金承诺证明、拆迁农户意见书、专家意见等）；

（四）实施前影像资料；

（五）验收资料；

（六）其他资料（如电子文档等）。

十二、土地整治规划档案（保管期限：永久）

（一）规划文本；

（二）规划说明；

（三）规划图件；

（四）规划基础资料汇编；

（五）会议资料；

（六）其他资料（如电子文档等）。

十三、土地整治科技档案（保管期限：自行制定）

（一）科技项目档案资料

1. 项目建议书；

2. 项目可行性研究报告（含项目预算、专家意见）；

3. 项目合同书或设计书；

4. 项目中期检查及验收（鉴定）意见；

5. 各阶段成果报告（文字报告及其附件、附表）、在公开刊物发表的论文的期刊封面及正文复印件、申请的专利；

6. 结题报告（文字报告及其附件、附表）、在公开刊物发表的论文的期刊封面及正文复印件、申请的专利；

7. 科技成果的原始档案（含各种原始观测记录、野外观测数据、野外记录本、原始分析测试数据、有注释文档的源程序和操作手册、文字报告及有关的电子版材料）；

8. 研究过程中获取的基础数据资料（含相关科学技术研究成果、综合分析材料、各种区域性图件）；

9. 其他资料（如电子文档等）。

（二）专项研究项目档案资料

1. 项目建议书（项目申报书）；

2. 项目可行性研究报告（含项目预算、专家意见）、年度工作方案；

3. 项目合同书或设计书；

4. 中期检查及验收（鉴定）意见；

5. 各阶段成果报告（文字报告及其附件、附表）、在公开刊物发表的论文的期刊封面及正文复印件、申请的专利；

6.研究过程中获取的基础数据资料（含相关科学技术研究成果、综合分析材料、各种区域性图件）；

7.其他资料（如电子文档等）。

十四、其他类别土地整治档案（保管期限：自行制定）

占补平衡项目、补充耕地项目等档案可参考省级以下土地整治项目档案归档范围。

附件2：

土地整治档案卷内文件目录

全宗号：   案卷号：

序号	文号	责任者	文件标题	日期	页号	备注
1						
2						
3						
4						
5						
6						
7						
8						
9						
10						
11						
12						
13						
14						
15						
16						
……						

说明：

全宗号是档案馆指定给立卷单位的编号，具有唯一性。

案卷号是指目录内案卷编排的顺序号，是按自然数为序，每卷一个号。

责任者是指每件档案材料的责任单位或编制单位。

附件 3：

××机构××年土地整治档案案卷目录

全宗号：　　　　　　　　　　　　　　　　　　　　　　　　目录号：

案卷号	立卷处室	案卷标题	件数	页数	保管期限	备注

说明：

目录号是指全宗内案卷所属目录的编号。例如：土地整治重大工程项目档案，目录号为ZD；高标准基本农田建设项目档案，目录号为GB。

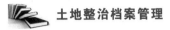

附件 4：

备 考 表

案卷号：

附件 5：

档 案 盒 样 式

正面	侧面

全宗号

年度

保管期限

机构

项目名称

案卷号

附录 B 国家档案相关强制性条文规范

附录 B‑1 重大建设项目档案验收办法

（档发〔2006〕2 号）

第一章 总 则

第一条 为加强重大建设项目档案管理工作，确保重大建设项目档案的完整、准确、系统和安全，根据《中华人民共和国档案法》和国家有关规定制定本办法。

第二条 本办法适用于各级政府投资主管部门组织或委托组织进行竣工验收的固定资产投资项目（以下简称项目）。

本办法所称各级政府投资主管部门是指各级政府发展改革部门和具有投资管理职能的经济（贸易）部门。

第三条 项目档案是项目建设、管理过程中形成的，具有保存价值的各种形式的历史记录。

第四条 项目档案验收是项目竣工验收的重要组成部分。未经档案验收或档案验收不合格的项目，不得进行或通过项目的竣工验收。

第五条 项目建设单位（法人）应将项目档案工作纳入项目建设管理程序，与项目建设实行同步管理，建立项目档案工作领导责任制和相关人员岗位责任制。

第二章　验　收　组　织

第六条　项目档案验收的组织：

（一）国家发展和改革委员会组织验收的项目，由国家档案局组织项目档案的验收；

（二）国家发展和改革委员会委托中央主管部门（含中央管理企业，下同）、省级政府投资主管部门组织验收的项目，由中央主管部门档案机构、省级档案行政管理部门组织项目档案的验收，验收结果报国家档案局备案；

（三）省以下各级政府投资主管部门组织验收的项目，由同级档案行政管理部门组织项目档案的验收；

（四）国家档案局对中央主管部门档案机构、省级档案行政管理部门组织的项目档案验收进行监督、指导。项目主管部门、各级档案行政管理部门应加强项目档案验收前的指导和咨询，必要时可组织预检。

第七条　项目档案验收组的组成：

（一）国家档案局组织的项目档案验收，验收组由国家档案局、中央主管部门、项目所在地省级档案行政管理部门等单位组成；

（二）中央主管部门档案机构组织的项目档案验收，验收组由中央主管部门档案机构及项目所在地省级档案行政管理部门等单位组成；

（三）省级及省以下各级档案行政管理部门组织的项目档案验收，由档案行政管理部门、项目主管部门等单位组成；

（四）凡在城市规划区范围内建设的项目，项目档案验收组成员应包括项目所在地的城建档案接收单位；

（五）项目档案验收组人数为不少于 5 人的单数，组长由验收组

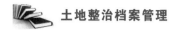

织单位人员担任。必要时可邀请有关专业人员参加验收组。

第三章 验 收 申 请

第八条 项目建设单位（法人）应向项目档案验收组织单位报送档案验收申请报告，并填报《重大建设项目档案验收申请表》（附件1）。项目档案验收组织单位应在收到档案验收申请报告的 10 个工作日内作出答复。

第九条 申请项目档案验收应具备下列条件：

（一）项目主体工程和辅助设施已按照设计建成，能满足生产或使用的需要；

（二）项目试运行指标考核合格或者达到设计能力；

（三）完成了项目建设全过程文件材料的收集、整理与归档工作；

（四）基本完成了项目档案的分类、组卷、编目等整理工作。

第十条 项目档案验收前，项目建设单位（法人）应组织项目设计、施工、监理等方面负责人以及有关人员，根据档案工作的相关要求，依照《重大建设项目档案验收内容及要求》（附件2）进行全面自检。

第十一条 项目档案验收申请报告的主要内容包括：

（一）项目建设及项目档案管理概况；

（二）保证项目档案的完整、准确、系统所采取的控制措施；

（三）项目文件材料的形成、收集、整理与归档情况，竣工图的编制情况及质量状况；

（四）档案在项目建设、管理、试运行中的作用；

（五）存在的问题及解决措施。

第四章 验 收 要 求

第十二条 项目档案验收应在项目竣工验收 3 个月之前完成。

第十三条 项目档案验收以验收组织单位召集验收会议的形式进行。

第十四条 项目档案验收组全体成员参加项目档案验收会议,项目的建设单位(法人)、设计、施工、监理和生产运行管理或使用单位的有关人员列席会议。

第十五条 项目档案验收会议的主要议程包括:

(一)项目建设单位(法人)汇报项目建设概况、项目档案工作情况;

(二)监理单位汇报项目档案质量的审核情况;

(三)项目档案验收组检查项目档案及档案管理情况;

(四)项目档案验收组对项目档案质量进行综合评价;

(五)项目档案验收组形成并宣布项目档案验收意见。

第十六条 检查项目档案,采用质询、现场查验、抽查案卷的方式。抽查档案的数量应不少于 100 卷,抽查重点为项目前期管理性文件、隐蔽工程文件、竣工文件、质检文件、重要合同、协议等。

第十七条 项目档案验收应根据 DA/T 28—2002《国家重大建设项目文件归档要求与档案整理规范》,对项目档案的完整性、准确性、系统性进行评价。

第十八条 项目档案验收意见的主要内容包括:

(一)项目建设概况;

(二)项目档案管理情况,包括:项目档案工作的基础管理工作,项目文件材料的形成、收集、整理与归档情况,竣工图的编制情况及质量,档案的种类、数量,档案的完整性、准确性、系统性及安全性评价,档案验收的结论性意见;

(三)存在的问题、整改要求与建议。

第十九条 项目档案验收结果分为合格与不合格。项目档案验收

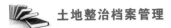

组半数以上成员同意通过验收的为合格。

第二十条　项目档案验收合格的项目，由项目档案验收组出具项目档案验收意见。

第二十一条　项目档案验收不合格的项目，由项目档案验收组提出整改意见，要求项目建设单位（法人）于项目竣工验收前对存在的问题限期整改，并进行复查。复查后仍不合格的，不得进行竣工验收，并由项目档案验收组提请有关部门对项目建设单位（法人）通报批评。造成档案损失的，应依法追究有关单位及人员的责任。

第五章　附　　　则

第二十二条　本办法由国家档案局负责解释。

第二十三条　其他建设项目的档案验收工作，可参照本办法执行。

第二十四条　本办法自颁布之日起施行。

附件 1：重大建设项目档案验收申请表

附件 2：重大建设项目档案验收内容及要求

附件 1：

重大建设项目档案验收申请表

项目名称			
审批（核准）机关		立项日期	
投资规模		建设时间	
建设单位（法人）		设计单位	
主要施工单位		主要监理单位	
计划档案验收日期		计划竣工验收日期	
联系人		联系电话	
地址/邮编		电子信箱	
申请单位自检意见			（单位盖章） 年　月　日
验收组织单位意见			（单位盖章） 年　月　日

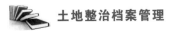

附件 2：

重大建设项目档案验收内容及要求

一、项目档案的基础管理工作

1. 项目建设单位（法人）认真执行国家档案工作法律法规，建立健全项目档案工作各项规章制度，建立了切合实际的项目档案工作的管理体制和工作程序。

2. 项目建设单位（法人）对项目档案工作实行统一管理，对本单位各部门和设计、施工、监理等参建单位进行有效的监督、指导，确保项目档案工作与项目建设同步进行。

3. 项目档案工作实行领导负责制，确定了负责项目档案工作的领导和部门，实行了各部门和有关人员档案工作责任制，并采取了有效的考核措施。

4. 项目文件材料的收集、整理和归档纳入合同管理，要求明确，控制措施有力。

5. 配备适应工作需要的档案管理人员，档案管理人员经过档案管理专业培训。

6. 采用先进信息技术，实现项目档案管理的信息化。

7. 保证档案工作所需经费，配备了计算机、复印机及声像器材等必备的办公设备，且性能优良，满足工作需要。

二、项目档案的完整、准确、系统情况

1. 按照 DA/T 28—2002《国家重大建设项目文件归档要求与档案整理规范》，结合项目产生文件材料的实际情况，检查项目档案的完整性、准确性、系统性。

2. 项目文件材料的收集、整理、归档和项目档案的整理与移交符合 DA/T 28—2002《国家重大建设项目文件归档要求与档案整理规

范》及 GB/T 11822—2000《科学技术档案案卷构成的一般要求》。

三、项目档案的安全

1. 档案库房采取防火、防盗、防有害生物和温湿度控制措施，档案库房与阅览、办公用房分开。

2. 档案柜架、卷盒、卷皮等档案装具符合标准要求。

3. 归档文件材料的制成材料符合耐久性要求。

4. 采取有效措施保证档案实体和信息安全。

附录 B-2 国家档案局 国家发展和改革委员会 关于印发《国家电子政务工程建设项目 档案管理暂行办法》的通知

（档发〔2008〕3 号）

各省、自治区、直辖市、计划单列市及新疆生产建设兵团档案局、发展改革委，中央和国家机关各部门（直属机构），各中央管理企业，各人民团体，总参办公厅保密档案局、解放军档案馆、武警部队司令部办公室：

为加强国家电子政务工程建设项目档案管理，使档案工作更好地为国家电子政务工程建设项目的建设、运行和管理服务，根据《国家电子政务工程建设项目管理暂行办法》及有关规定，特制定《国家电子政务工程建设项目档案管理暂行办法》，现印发给你们，请认真贯彻执行。各级档案部门和发展改革部门要加强协调，相互配合，共同做好国家电子政务工程建设项目档案管理工作。

国家档案局

国家发展和改革委员会

2008 年 5 月 20 日

国家电子政务工程建设项目档案管理暂行办法

第一章 总 则

第一条 为规范国家电子政务工程建设项目档案管理，充分发挥档案在项目建设、运行、管理、监督等方面的作用，根据《国家电子政务工程建设项目管理暂行办法》和有关档案管理的法规与标准，制定本办法。

第二条　本办法适用于使用中央财政性资金的国家电子政务工程建设项目（以下简称电子政务项目），其他信息化建设项目档案管理，可参照执行。

本办法所称电子政务项目主要是指国家统一电子政务网络、国家重点业务信息系统、国家基础信息库、国家电子政务网络与信息安全保障体系相关基础设施、国家电子政务标准化体系和电子政务相关支撑体系等建设项目。

第三条　电子政务项目档案是在电子政务项目建设全过程中形成的、具有保存价值的各种形式和载体的历史记录，是电子政务项目竣工验收、运行维护、升级改造等工作的重要依据。

第四条　本办法所称项目建设单位是指负责项目建设的中央政务部门和参与国家电子政务项目建设的地方政务部门。根据《国家电子政务工程建设项目管理暂行办法》规定，项目建设单位应确定项目实施机构和项目责任人。

第五条　电子政务项目档案工作在档案行政管理部门监督、指导下，由项目建设单位负责。项目建设单位应将档案工作纳入项目建设计划和管理程序，纳入相关人员的岗位职责，根据项目实际情况，采取有效措施，确保电子政务项目档案完整、准确、系统、有效。

第六条　电子政务项目档案管理在项目建设期间由建设单位的实施机构具体负责。电子政务项目实施机构应明确电子政务项目档案工作主管领导，制定档案工作计划，建立健全归档制度、档案分类编号方案等管理制度和业务规范，配备具有专业知识和技能的档案管理人员，提供档案管理所需经费、设备、场地等条件。

第七条 电子政务项目实施机构应对参建单位进行档案管理交底、指导、培训,对参建单位移交的档案进行审核、验收。

第八条 建设单位的档案管理部门应对电子政务项目的档案管理进行业务指导并提出具体要求,对实施机构制定的档案管理制度和业务规范进行审查,对电子政务档案的收集、整理、移交进行业务指导。

第九条 档案验收是电子政务项目竣工验收的重要组成部分。未进行档案验收或档案验收不合格的电子政务项目,不得通过竣工验收。

第二章 档案的收集与整理

第十条 电子政务项目实施机构应根据电子政务项目审批部门批复的实施内容,依据《国家电子政务工程建设项目文件归档范围和保管期限表》(见附件),结合本项目特点制定归档范围和保管期限,做好文件收集工作。

第十一条 电子政务项目文件材料的收集、整理、归档应与项目建设进程同步实施。实施机构在项目建设初期通过制定归档制度、业务规范、合同条款、开展培训、交底等方式,对文件的收集、整理、归档提出明确要求;在项目建设过程中,结合项目进程,对电子政务项目文件的收集、整理情况进行检查;单项工程验收、合同验收时,应同步进行档案验收。

第十二条 电子政务项目文件材料的收集、整理、归档应明确各方职责。在电子政务项目设计开发、施工、监理、设备采购、委托中介招标等合同、协议中应设立专门条款,对电子政务项目档案提交范围、整理标准、介质和套数、移交时间等方面提出具体要求并明确违约责任与罚则。

涉及知识产权的招标文件、合同、协议中应明确与知识产权相关的归档材料的提交内容、深度等要求。

第十三条　监理单位依据监理职责，按照《信息化工程监理规范》（GB/T 19668—2005）、《建设工程监理规范》（GB/T 50319—2000）的要求，对承建单位、施工单位形成的文件材料进行审核并签署。

第十四条　电子政务项目实施机构归档的纸质文件应为原件或正本，且签章手续完备。同时应注重对电子文件、照片、录像等各种类型、载体文件材料的收集、归档。电子文件的归档范围参照纸质文件归档范围。

第十五条　文件材料的整理、归档可根据建设单位实际情况，从《归档文件整理规则》（DA/T 22—2000）和《国家重大建设项目文件归档要求与档案整理规范》（DA/T 28—2002）两种整理方式中选择一种，电子文件应符合《电子文件归档与管理规范》（GB/T 18894—2002）的原则要求。

第十六条　档案保管期限分为永久、30 年、10 年三种。电子政务项目档案保管期限为 30 年的对应《国家重大建设项目文件归档要求与档案整理规范》中的长期，保管期限为 10 年的对应短期。

第十七条　电子政务实施机构和相关参建单位应通过管理制度和技术措施，对电子文件的形成、积累、收集、鉴定、归档进行全过程的管理，保证电子文件的真实、完整、有效和安全。电子文件定期归档，应将所采集的相关元数据一并保存。

第三章　档案的移交与管理

第十八条　各参建单位应按招标文件、合同、协议以及有关规定，及时向电子政务项目实施机构移交电子政务项目档案。电子政务项目实施机构负责对接收的档案进行审查验收和汇总整理，交接双方应办理档案移交手续。

第十九条 电子政务项目实施机构应在电子政务项目竣工验收后3个月内，根据建设单位档案管理规定，向建设单位或本机构的档案管理部门移交档案。需经常利用的档案，可在办理移交手续后借出。

第二十条 中央和地方共建的电子政务项目档案实行分级管理。中央政务部门、地方政务部门分别负责归档、保存各自形成的档案。

第四章 档 案 的 验 收

第二十一条 电子政务项目档案验收一般分为初步验收和竣工验收两个阶段。档案初步验收由建设单位组织，并形成验收报告。档案竣工验收由项目审批部门组织的竣工验收委员会下设的档案专家组负责。档案专家组由电子政务项目审批部门、档案行政管理部门人员及相关专家组成。

第二十二条 档案竣工验收采用听取汇报、现场查看、质询、抽查档案等方式。

第二十三条 相关档案行政管理部门应加强电子政务项目档案验收前的检查、指导。

第二十四条 档案竣工验收主要内容及基本要求：

（一）电子政务项目实施机构明确档案管理体制和职责，建立档案工作规章制度和业务规范，采取有效措施对本单位和各参建单位形成的档案进行统一管理；

（二）电子政务项目文件材料的收集、整理和归档纳入合同管理，要求明确，控制措施有效；

（三）电子政务项目文件材料的收集、整理、归档和档案的整理与移交符合有关档案管理标准的要求。电子政务项目档案完整、准确、系统、规范；

（四）保证档案实体和信息的安全，档案装具、归档文件的制成材料符合耐久性要求。

第二十五条 档案专家组出具档案验收意见，档案验收结果分为合格与不合格。档案专家组三分之二以上成员同意通过验收的为合格。档案验收不合格的电子政务项目，由档案专家组提出整改意见，并进行复查，复查后仍不合格的，不得通过竣工验收。

第五章 附　则

第二十六条 本办法自颁布之日起施行。

第二十七条 本办法由国家档案局负责解释。

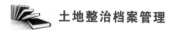

附件：

国家电子政务工程建设项目文件归档范围和保管期限表

序号	归 档 文 件	保管期限
1	立项阶段文件	
1.1	项目建议书阶段	
1.1.1	项目建议书及批复文件	永久
1.2	可行性研究报告阶段	
1.2.1	可行性研究报告及批复文件	永久
1.2.2	项目调整申请及批复	30 年
1.3	初步设计阶段文件	
1.3.1	初步设计方案和投资概算报告及批复	永久
1.3.2	项目调整申请及批复	永久
2	项目管理文件	
2.1	综合管理文件	
2.1.1	建立项目领导和实施机构文件	10 年
2.1.2	项目管理计划、年度总结	10 年
2.1.3	投资、进度、质量、安全、合同控制等文件	10 年
2.1.4	对项目各分系统的审批、评审文件	10 年
2.1.5	项目管理各项制度、办法	10 年
2.1.6	调研报告、考察报告	10 年
2.1.7	项目试点工作安排、总结	10 年
2.1.8	项目会议文件、项目简报、汇报材料	10 年
2.1.9	日常管理的请示批复、往来函件	10 年
2.1.10	知识产权文件、协议、证书	30 年
2.1.11	项目管理工作照片、音像	30 年

续表

序号	归　档　文　件	保管期限
2.2	招投标文件	
2.2.1	招标文件、委托招标文件	30 年
2.2.2	评标文件、评分标准及打分表、评标报告、中标通知	10 年
2.2.3	中标的投标文件（正本）	永久
2.2.4	未中标的投标文件	终验后 2 年
2.2.5	政府采购文件	10 年
2.3	合同文件	
2.3.1	合同谈判纪要、合同审批文件、合同书、协议书	永久
2.3.2	合同变更、索赔等文件	永久
3	设计阶段文件	
3.1	设计开发文件	
3.1.1	需求分析文件	
3.1.1.1	需求调研计划、记录、需求分析、需求规格说明书	30 年
3.1.1.2	需求评审	30 年
3.1.2	设计开发文件	
3.1.2.1	设计开发计划、设计方案	10 年
3.1.2.2	概要设计说明书、概要设计评审	30 年
3.1.2.3	详细设计说明书、详细设计评审	30 年
3.1.2.4	数据库结构设计说明书	30 年
3.1.2.5	编码计划、代码编写规范	30 年
3.1.2.6	模块开发卷宗	30 年
3.1.2.7	施工图设计	30 年
3.2	信息资源规划和数据库设计（3.2～3.12可参考3.1所列文件）	
3.3	应用支撑平台和应用系统设计	
3.4	网络系统设计	
3.5	数据处理和存储系统设计	
3.6	安全系统设计	

续表

序号	归 档 文 件	保管期限
3.7	其他系统设计（终端、备份、运维等）	
3.8	机房及配套工程设计	
3.9	环保、节能设计	
3.10	消防设计	
3.11	职业安全、职业卫生设计	
3.12	标准规范建设	
4	实施阶段文件	
4.1	总体实施	
4.1.1	实施计划、方案及批复文件	30 年
4.1.2	意见汇总报告	10 年
4.1.3	系统集成方案、项目配置管理方案、评审报告	30 年
4.1.4	源代码及说明	30 年
4.1.5	设计变更报审、代码修改记录	30 年
4.1.6	网络系统文件	30 年
4.1.7	二次开发支持文件、接口设计说明书、程序员开发手册	30 年
4.1.8	用户使用手册、系统维护手册、软件安装盘	10 年
4.1.9	系统上线保障方案、应急预案、事故及问题处理文件	10 年
4.1.10	测试方案、方案评审意见、测试记录、测试报告	10 年
4.1.11	培训文件、教材讲义	10 年
4.1.12	试运行方案、记录、报告及试运行改进报告	10 年
4.1.13	合同验收文件、开发总结报告、交接清单	30 年
4.1.14	项目例会、协调会纪要及备忘录	10 年
4.1.15	运行管理制度	30 年
4.2	信息资源规划和数据库建设（4.2～4.12 可参考 4.1 所列文件）	
4.3	应用支撑平台和应用系统建设	
4.4	网络系统建设	
4.5	数据处理和存储系统建设	

序号	归　档　文　件	保管期限
4.6	安全系统建设	
4.7	其他系统建设（终端、备份、运维等）	
4.8	环保、节能建设	
4.9	消防建设	
4.10	职业安全、职业卫生建设	
4.11	机房及配套工程建设	
4.11.1	土建施工文件	
4.11.1.1	技术要求、技术交底、图纸会审纪要、开工报告	30 年
4.11.1.2	施工组织设计、方案及报批文件，施工工艺文件	30 年
4.11.1.3	原材料出厂证明、复验单、试验报告	30 年
4.11.1.4	施工定位测量、地质勘探、土岩试验报告、桩基工程记录	永久
4.11.1.5	设计变更通知、工程更改洽商单、业务联系单、备忘录、事故处理文件	永久
4.11.1.6	隐蔽工程验收记录	永久
4.11.1.7	工程质量检查、评定、签证	永久
4.11.1.8	竣工图	永久
4.11.1.9	竣工报告、竣工验收报告	永久
4.11.1.10	施工照片、音像	30 年
4.11.2	线路施工安装文件	
4.11.2.1	工程技术要求、技术交底、图纸会审纪要、开工报告	30 年
4.11.2.2	施工组织设计、方案及报批文件，施工计划、技术措施文件	30 年
4.11.2.3	原材料出厂证明、质量鉴定、复验单、产品交付清单、到货验收记录	30 年
4.11.2.4	设计变更通知、工程更改洽商单、材料、零部件、设备代用审批手续、技术核定单、备忘录	永久
4.11.2.5	施工安装记录、质量验评、签证	永久
4.11.2.6	调试记录、测试报告	10 年

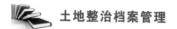

序号	归 档 文 件	保管期限
4.11.2.7	竣工图	永久
4.11.2.8	竣工报告、竣工验收报告	永久
4.11.2.9	施工照片、音像	30 年
4.12	标准规范建设	
4.12.1	标准建设总体方案、实施计划	10 年
4.12.2	征求意见稿、汇总意见、标准规范编制过程说明	10 年
4.12.3	标准送审稿、标准试行稿、专家审查意见	10 年
4.12.4	标准正式文本	30 年
4.12.5	标准应用试点报告、标准培训文件	10 年
4.12.6	标准推广应用方案、标准实施指南	10 年
5	监理文件	
5.1	监理大纲、监理规划、细则及批复	30 年
5.2	资质审核、设备材料报审、复检记录	30 年
5.3	需求变更确认	30 年
5.4	开（停、复、返）工令	10 年
5.5	施工组织设计、方案审核记录	30 年
5.6	工程进度、延长工期、人员变更审核	10 年
5.7	监理通知、监理建议、工作联系单、问题处理报告、协调会纪要及备忘录	10 年
5.8	监理周（月）报、阶段性报告、专题报告	10 年
5.9	测试方案、试运行方案审核	10 年
5.10	造价变更审查、支付审批、索赔处理文件	30 年
5.11	验收、交接文件、支付证书、结算审核文件	30 年
5.12	监理工作总结报告	永久
5.13	监理照片、音像	30 年
6	设备文件及系统软件	
6.1	选购阶段	

序号	归 档 文 件	保管期限
6.1.1	调研分析报告、技术考察报告	10 年
6.1.2	设备采购请示、批复	10 年
6.1.3	技术协议、谈判备忘录、设备配置方案	30 年
6.1.4	授权书、软件许可协议、海关商检相关文件、原产地证明、产品质量证明、设备代理商营业执照复印件	10 年
6.2	开箱验收阶段	
6.2.1	设备随机文件、装箱单、合格质量证、开箱验收记录	30 年
6.2.2	设备图纸、说明书、检测报告	30 年
6.3	安装调试阶段	
6.3.1	测试计划（方案）、安装测试记录、报告	10 年
6.3.2	验收文件、交接清单	30 年
6.4	系统升级、换版阶段	
6.4.1	升级、换版的请示与批复	30 年
6.4.2	设备及软件报废的技术鉴定书、请示及批复文件	30 年
6.4.3	设备及软件升级、换版的验收文件	30 年
6.5	设备维修、系统维护等后期服务阶段	
6.5.1	设备维修、维护请示及批复	10 年
6.5.2	设备维修、维护记录	10 年
7	财务管理文件	
7.1	财务计划及执行文件、概算执行报告	10 年
7.2	概算、预算、标底、合同价	30 年
7.3	资金申请及批复	10 年
7.4	器材、主要耗材管理	10 年
7.5	决算、财务报告	永久
7.6	审计报告	永久
7.7	交付使用的固定资产、流动资产、无形资产、递延资产清册	永久
8	验收文件	

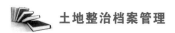

续表

序号	归 档 文 件	保管期限
8.1	初验阶段	
8.1.1	验收工作大纲	10 年
8.1.2	各单项、系统验收报告	30 年
8.1.3	信息安全风险评估报告	30 年
8.1.4	初步验收总报告（含工程、技术、财务、档案验收）	30 年
8.1.5	初验会议文件、验收申请、验收意见书及验收委员会签字表	30 年
8.1.6	整改方案及实施文件	10 年
8.2	终验阶段	
8.2.1	竣工验收会议文件、验收申请、汇报材料	永久
8.2.2	竣工验收报告、验收委员会签字表	永久
8.2.3	工程专家组验收意见	永久
8.2.4	技术专家组验收意见	永久
8.2.5	财务专家组验收意见	永久
8.2.6	档案专家组验收意见	永久
8.2.7	信息安全风险评估报告	30 年
8.2.8	项目建设工作总结	永久
8.2.9	项目评优报奖申报材料、批准文件及证书	30 年
8.2.10	项目稽查、检查文件及项目后评价文件	永久

附录 B-3　电子公文归档管理暂行办法

（国家档案局第 6 号令）

第一条　为了加强对电子公文的归档管理，有效维护电子公文的真实性、完整性、安全性和可识别性，根据《中华人民共和国档案法》《中华人民共和国档案法实施办法》和《国家行政机关公文处理办法》，制定本办法。

第二条　本办法所称的电子公文，是指各地区、各部门通过由国务院办公厅统一配置的电子公文传输系统处理后形成的具有规范格式的公文的电子数据。

第三条　电子公文形成单位应指定有关部门或专人负责本单位的电子公文归档工作，将电子公文的收集、整理、归档、保管、利用纳入机关文书处理程序和相关人员的岗位责任。

机关档案部门应参与和指导电子公文的形成、办理、收集和归档等各工作环节。

第四条　副省级以上档案行政管理部门负责对电子公文的归档管理工作进行监督和指导。

电子公文的真实性、完整性、安全性和可识别性，移交前由形成部门负责，移交后由档案部门负责。

第五条　电子公文参照国家有关纸质文件的归档范围进行归档并划定保管期限。

第六条　电子公文一般应在办理完毕后即时向机关档案部门归档。

第七条　电子公文形成单位必须将具有永久和长期保存价值的电

子公文，制成纸质公文与原电子公文的存储载体一同归档，并使两者建立互联。

第八条　需要永久和长期保存的电子公文，应在每一个存储载体中同时存有相应的符合规范要求的机读目录。

第九条　电子公文的收发登记表、机读目录、相关软件、其他说明等应与相对应的电子公文一同归档保存。

第十条　电子公文的归档应在"全国政府系统办公业务资源网电子邮件系统"平台上进行，各电子公文形成单位档案部门应配置足够容量和处理能力及相对安全的系统设备。

第十一条　电子公文形成单位应在运行电子公文处理系统的硬件环境中设置足够容量、安全的暂存存储器，存放处理完毕应归档保存的电子公文，以保证归档电子公文的完整、安全。

第十二条　电子公文形成单位应在电子公文处理系统中设置符合安全要求的操作日志，随时自动记录对电子公文实时操作的人员、时间、设备、项目、内容等，以保证归档电子公文的真实性。

第十三条　电子公文形成单位应在电子公文归档时对相关项目进行检查，检查项目包括与纸质公文核对内容、签章，审核电子公文收发登记表、操作日志及相关的著录条目等，确认电子公文及相关的信息和软件无缺损且未被非正常改动，电子公文与相应的纸质公文内容及其表现形式一致，处理过程无差错。

第十四条　归档电子公文的移交形式可以是交接双方之间进行存储载体传递或通过电子公文传输系统从网上交接。

第十五条　通过存储载体进行交接的归档电子公文，移交与接收部门均应对其载体和技术环境进行检验，确保载体清洁、无划痕、无病毒等。

第十六条　归档电子公文应存储到符合保管要求的脱机载体上。

归档保存的电子公文一般不加密，必须加密归档的电子公文应与其解密软件和说明文件一同归档。

第十七条 归档的电子公文，应按本单位档案分类方案进行分类、整理，并拷贝至耐久性好的载体上，一式 3 套，一套封存保管，一套异地保管，一套提供利用。

第十八条 档案部门应加强对归档电子公文的管理，提供利用有密级要求的归档电子公文，应严格遵守国家有关保密的规定，采用联网的方式提供利用的，应采取稳妥的身份认定、权限控制及在存有电子公文的设备上加装防火墙等安全保密措施。

第十九条 超过保管期限的归档电子公文的鉴定和销毁，按照归档纸质文件的有关规定执行。对确认销毁的电子公文可以进行逻辑或物理删除，并应由档案部门列出销毁文件目录存档备查。

第二十条 其他类型电子公文的归档管理可参照本办法。

第二十一条 本办法未尽事宜，参照国家其他有关电子文件的标准和规定。

第二十二条 本办法由国家档案局负责解释。

第二十三条 本办法自 2003 年 9 月 1 日起施行。

附录 B‑4 国家重大建设项目文件归档要求与档案整理规范

(DA/T 28—2002)

略。

附录 B‑5 科学技术档案案卷构成的一般要求

(GB/T 11822—2008)

略。

附录 B‑6 照片档案管理规范

(GB/T 11821—2002)

略。

附录 B‑7 电子文件归档与管理规范

(GB/T 18894—2002)

略。

附录 B‑8 磁性载体档案管理与保护规范

(DA/T 15—1995)

略。

附录 B－9　纸质档案数字化技术规范

（DA/T 31—2005）

略。

附录 B－10　CAD 电子文件光盘存储、 归档与档案管理要求 第一部分：电子文件归档与档案管理

（GB/T 17678.1—1999）

略。

附录 B－11　CAD 电子文件光盘存储、 归档与档案管理要求 第二部分：光盘信息组织结构

（GB/T 17678.2—1999）

略。

附录 B－12　技术制图　复制图的折叠方法

（GB/T 10609.3—2009）

略。